Extrait des Mémoires de l'Académie des Sciences, Inscriptions et
Belles-Lettres de Toulouse.

7ᵉ SÉRIE, TOME V, page 1 à 64.

DES CARACTÈRES DU PÉRICARPE

ET

DE SA DÉHISCENCE POUR LA CLASSIFICATION NATURELLE (1)

Par M. D. CLOS.

> *Fructus autem cum semine... quum totius
> plantarum naturæ atque vitæ summum sit et
> extremum, ob hanc ipsam causam reliquas
> plantæ partes dignitate superare videtur.*
>
> (DE MARTIUS, *Conspect. regni veget.*, p. v.)

Après que Gærtner eut publié son important ouvrage sur les
fruits (*De fructibus et seminibus*, 1788-1807), plusieurs botanistes distingués, L.-C. Richard, Mirbel, Desvaux, etc., s'ef-
forcèrent d'établir des divisions naturelles de fruits et de
définir avec précision chacun d'eux. Plus récemment, M. Lesti-
boudois a publié un travail sur l'organisation des fruits (in
Annal. scienc. nat., IVᵉ sér., t. 2, p. 223; t. 3, p. 47, 223);
mais je n'en connais point sur le sujet que je vais chercher à trai-
ter ici. Il se rattache à une série de Mémoires ayant tous le même
but : mettre en évidence les liens intimes qui unissent l'une à

(1) Lu dans la séance du 19 décembre 1872.

1

l'autre les deux grandes branches de la botanique scientifi-
que (1). Cet horizon nouveau avait été entrevu et bien indiqué
par un de nos vénérés maîtres, Adrien de Jussieu, écrivant en
1848 que si les caractères de la fructification sont les plus importants pour la classification, on était loin d'avoir épuisé la
matière : beaucoup d'autres points de vue, ajoute-t-il, se pré-
senteront à d'autres esprits ou se découvriront par les progrès
de la science (Article *Taxonomie* du *Dict. univ. d'hist. nat.*).

Plusieurs phytographes, à partir de Césalpin (1583) (2), de
Morison (1680) (3), de J. Ray (1682) (4) et de Boerhaave (5),
ont fait entrer comme éléments de leur classification les caractères du fruit. Linné, dans sa classification des systèmes de
botanique, appelle ces auteurs *Fructistes* et les range parmi les
Orthodoxes.

Je lis dans le *Grundriss der Krauterkunde* de Willdenow, p. 193,
et dans les *Familles* d'Adanson (54ᵉ système), que Camelli
(Kamel) a suivi une classification basée sur l'indéhiscence ou le
nombre des valves du fruit : *pericarpia afora, unifora, bifora,
trifora, pentafora, hexafora*. — En 1737, Siegesbeck propo-
sait deux classifications, admettant dans l'une 17 classes,

(1) Ces Mémoires sont : 1º *Ebauche de la Rhizotaxie*, 1848, in-4º; — 2º *De la
Durée des Plantes dans ses rapports avec la Phytographie* (1863); — 3º *Monographie
de la Préfoliaison dans ses rapports avec les divers degrés de la classification*, 1870;
— 4º *Essai de Tératologie taxinomique*, 1871. Ces trois derniers travaux ont paru
dans ce Recueil. — 5º *De la valeur des rayons des Composées en taxinomie.*

(2) Césalpin établit 11 de ses 14 classes sur les achaines et les caryopses, sur
les péricarpes soit secs, soit charnus.

(3) Sur les 18 classes de Morison, 7 sont basées sur le fruit, telles : *Légumineuses, Siliqueuses, Baccifères, Tricapsulaires, 1-5-Capsulaires, Tricoccées,
Multisiliqueuses* et *Multicapsulaires* (ces deux dernières n'en formant qu'une).

(4) Sur les 33 de Ray, on en compte 7 parmi les herbes, savoir : *Pomifères,
Baccifères, Siliqueuses, Légumineuses, Monospermes, Polyspermes, Multisiliqueuses*, et 4 dans les arbres, savoir : *à fruit ombiliqué, à fruit non ombiliqué, à
fruit sec et siliqueuses.*

(5) Boerhaave établit parmi ses herbes une de ses divisions fondée sur le
nombre des loges ou des capsules formant les classes 15 *Monungiæ*, 16 *Dian-
giæ*, 17 *Triangiæ*, 18 *Tetrangiæ*, 19 *Pentangiæ*, 20 *Polyangiæ*, 21 *Multisiliquæ*,
et une autre sur la figure et substance du fruit, formant les classes 23 *Sili-
quosæ*, 24 *Leguminosæ*, 25 *Bacciferæ*, 26 *Pomiferæ*. — En 1690, P. Hermann avait
proposé des divisions analogues dans sa classification.

d'après la considération du fruit et du nombre des graines. — Sur les trois classifications dressées en 1755 par Duhamel (*Traité des arbres*), la troisième est fondée sur le fruit et comprend 7 classes : *fruits secs écailleux*, etc., *à pépins*, *à noyau*, *en baie*, *en capsule*, *en silique*, *à semences nues.* — En 1822, Caffin publiait son *Exposition méthodique du règne végétal*, reposant sur le fruit dont la suprématie est démontrée, dit-il, car il subsiste toujours dans la fleur, même avant l'apparition des anthères ; c'est pour lui qu'est fait tout ce qui existe dans la fleur ; les plantes, selon qu'elles se ressemblent ou diffèrent par les autres parties, se ressemblent ou diffèrent par le fruit. Et l'auteur divise les fruits et la plupart des Dicotylédons en deux groupes, les *axospermes* (subdivisés en columellaires et pariétaux) et les *carpellaires*, presque toujours uniloculaires, sans columelle et ordinairement sans cloisons.

Quelques naturalistes allemands, partant de ces principes élevés qui caractérisent les philosophes de la nature, ont proposé des classifications botaniques dans lesquelles le fruit joue un grand rôle, tels Oken (1), et M. T.-L. Reichenbach (2).

Enfin, de Martius, dans son *Conspectus regni vegetabilis*, 1835, après avoir établi ses divisions supérieures sur des considéra-

---

(1) Oken, divisant les végétaux d'après leurs organes, avait désigné d'abord sous le nom de *Fruitiers* (correspondant aux Polypétales hypogynes), sa dixième classe. Et de même qu'à ses yeux, le genre *Rosa* était le *Rosier-corollier*, le g. *Prunier* formait le *Rosier-fruitier* : puis dans des travaux ultérieurs (1541-1543), l'auteur reconnaît dans le fruit 4 degrés de métamorphoses, noix, drupe, baie, pomme, d'où des *Nucariées*, *Drupariées*, *Baccariées*, *Pomariées*, représentant les 4 dernières des 16 classes qu'il admet, et formant le troisième cercle, ou les plantes à fruit (*Kreis*, Fruchtpflanzen, apétales et polypétales périgynes). (*Lehrbuch der Naturphilosophie*, 3e éd., p. 264, tableau.)

(2) Dans la classification de M. T.-L. Reichenbach, l'auteur considère le fruit comme le troisième état de la plante (*synthesis*) ; huit organes ou systèmes d'organes correspondent à ces trois états, et le huitième forme, sous le nom de *Thalamanthées* (comprenant les thalamiflores ou polypétales hypogynes), une classe qui, comme les sept premières, se subdivise en trois ordres, appelés ici : *Thylachocarpicæ* (Crucifères, Papavéracées, Violariées, Cistinées, etc.), *Schizocarpicæ* (Renonculacées, Rutacées, Euphorbiacées, etc.) ; *Idiocarpicæ* (Caryophyllées, Tiliacées, Hypéricinées, Hespéridées, etc.)

On trouvera une analyse des classifications d'Oken et de M. de Reichenbach, due à la plume d'Adrien de Jussieu, à l'article *Taxonomie* du *Dictionnaire universel d'histoire naturelle.*

tions qu'il est inutile de rappeler ici, constitue les cohortes (alliances) d'après les diverses modifications du fruit, justifiant ainsi son épigraphe grecque signifiant : *Par le fruit vous les reconnaîtrez* (1).

Plus récemment, des botanistes ont pris aussi le pistil pour point de départ de leur classification. Payer, dit M. L. Marchand, « s'était fait un plan nouveau qui était basé sur la considération du nombre des loges de l'ovaire, du nombre d'ovules et de leur position par rapport au placenta; il adoptait les divisions supérieures Acotylédones, Monocotylédones et Dicotylédones *(Des classific.,* p. 20).» Quant à M. Plée, il donne le pas à la placentation sur tous les autres caractères (*Types des familles*).

A.-L. de Jussieu a relégué la déhiscence parmi les caractères tertiaires (2) ; mais il en est de la déhiscence comme de tous les

(1) C'est surtout dans les Dicotylés (Orthoïnes) que la division d'après le fruit joue un grand rôle dans la classification de Martius : Les *Achlamydées* y sont divisées en Haplocarpées (Platanées, Pipéracées, etc.), et Polyplocarpées, subdivisées en 1° Dischizocarpées (Callitrichinées), 2° Polycarpées (Saururées), 3° Diplocarpées (Salicinées, Podostémées). — Les *Monochlamydées*, en Monocarpées (Urticées, etc.), Haplocarpées (Myristicées, Thymélées, Chénopodées), Polyplocarpées (Pénæacées, Polygonées), Tétraplocarpées (Népenthées). — Les *Monopétales hypogynes*, en Haplocarpées (Globulariées), Erémocarpées (Labiées, Borraginées), Triplocarpées (Polémoniacées), Stéréocarpées (Verbénacées, Acanthacées), Pentaplocarpées (Primulacées, Cucurbitacées), Diplocarpées (Sélaginées, Jasminées), Polyplocarpées (Ilicinées, Sapotées, Campanulacées), Triplocarpées (Bégoninacées). — Les *Polypétales haplocarpées*, divisées en Haplo-monocarpées (Légumineuses, Drupacées), et Haplocarpées épigynes ou Combrétacées, et Haplopolycarpées (Rosacées, Magnoliacées, Renonculacées et Connaracées ou Pentacarpées). — Les *Polypétales syncarpées*, subdivisées en quatre séries, dont la première, intitulée : *Abortu uniloculares*, comprend des Monocarpées (Berbéridées, Laurinées), des Polycarpées (Ménispermées) et des épigynes (Loranthacées); la deuxième, *Diplo-tétraplocarpée*, des Siliqueuses (Crucifères, Capparidées), des Capsuligères (Polygalées), des Samarocarpées (Acérinées, Fraxinées), des Baccatées (Ampélidées) ; la troisième, *Triplocarpées* (Résédacées, Tropæolées, Violariées, Malpighiacées, Célastrinées, Rhamnées, Ternstræmiacées) ; la quatrième, *Polyplocarpées* (Papavéracées, Caryophyllées, Euphorbiacées, Térébinthacées, Rutacées, Géraniacées, Cistinées, Passiflorées, Tiliacées, Hypéricinées, Hespéridinées, Hydrangées, Ficoïdes, Mélastomacées, Myrtacées, Pomacées).

(2) Alii (caracteres) tertiarii semiuniformes, modo in ordinibus constantes modo varii, tum ex organis essentialibus tum ex aliis deducuntur, nempe e... fructus dehiscentiâ et loculorum numero... (*Genera Plantarum*, xlj). Et dans la préface de

caractères même les plus importants ; sa valeur varie suivant les familles et les genres : c'est ainsi que dans les Rubiacées, le mode de déhiscence septicide et loculicide est d'un ordre secondaire, et un genre de cette famille, le *Steventia*, les réunit toutes deux.

Il est inutile de rappeler ici les diverses sortes de déhiscences ; elles sont bien connues, et je n'aurais pas de nouveaux faits à produire. Voulant réduire ce travail à d'étroites limites, je négligerai aussi toutes les questions afférentes à l'anatomie et à la physiologie de la déhiscence ; mais, même après ces restrictions, je ne me dissimule point toute l'imperfection de cet essai : que de connaissances en taxinomie, que de recherches ne comporte pas une étude du fruit (1), même envisagé dans le cadre que j'ai choisi ! Surpris de voir une si importante question, à peu près neuve encore, j'ai du moins tâché de montrer qu'elle ouvre une riche mine d'exploitation. La phytographie grossit tous les jours le bilan de nos richesses ; mais suffit-il, d'enregistrer, de décrire de nouvelles espèces, d'assigner à chacune et son genre et sa famille? C'est là le fondement de toute science et de tout progrès ; mais les noms des Linné, des Jussieu, des Gœthe, des Saint-Hilaire, des R. Brown, des Turpin et de tant d'autres, ne témoignent-ils pas hautement de quel prix est aussi la mise en œuvre de ces matériaux, leur groupement et leur concentration, pour l'avancement, soit de la morphologie, soit de la taxinomie générale?

la 2e édition, A.-L. de Jussieu modifie la fin de ce passage de la sorte : ..... Fructuum forma et substantia et dehiscentia et loculorum numerus, dissepimentorum et placentariorum in fructu dispositio...

(1) Le fruit se compose essentiellement du péricarpe et de la graine. Je laisse de côté, dans cette Etude, tout ce qui concerne la graine ; et dès lors, le nom de fruit sera employé, dans les pages suivantes, comme synonyme de péricarpe.

1. Exceptions aux principes généraux de déhiscence.

Ce serait méconnaître la marche de la nature dans ses œuvres que de croire absolu le principe que tout fruit monosperme est indéhiscent, et que tout fruit polysperme et sec doit s'ouvrir. Aussi peut-on signaler quelques exceptions à la règle, et entre autres l'espèce et les genres suivants :

Ranunculus Ficaria, dont les carpelles monospermes laissent échapper, d'après M. Germain de Saint-Pierre, la graine dès l'instant de la maturité ;

Sporobolus, graminée dont le nom indique le singulier caractère.

Plumbago, dont le fruit uniséminé s'ouvre en 5 valves au sommet ;

Sarcocapnos, dont la capsule est indéhiscence, bien qu'elle renferme 2 graines ;

Lepidium, dont la silicule s'ouvre en 2 valves, bien qu'à loges souvent monospermes ; _

On peut citer encore quelques cas exceptionnels, déterminés :

1° *Soit par le mode de végétation :* Dans les violettes caulescentes, dit Vaucher, les 3 valves du fruit s'étalent, puis se contractent avec tant de force, que les graines sont lancées à 2-3 pieds de distance ; puis les valves se séparent et tombent, tandis que dans les acaules, la capsule s'enfonce dans le sol, y mûrit et s'y détruit en répandant ses graines.

N'en est-il pas ainsi des fruits souterrains des *Vicia amphicarpa, Lathyrus amphicarpos ?*

2° *Soit par l'influence du climat :* Pallas mentionne ce fait que, dans les déserts de la Sibérie, les loges des légumes des Astragales tombent sans s'ouvrir, et offrent souvent 3-4 graines qui germent ensemble, et dont les plantes entrelacent leurs rameaux. Remarquez aussi que beaucoup de fruits, en apparence indéhiscents, s'ouvrent régulièrement au moins pour une partie du péricarpe, tels les noyaux des Amygdalées; et il en est probablement ainsi d'un certain nombre d'achaines qui mériteront, à cet égard, une étude spéciale. On pourrait appeler ces fruits, et en particulier les drupes, *demi-déhiscents*, pour les distinguer des caryopses des céréales, chez lesquelles l'indéhiscence est essentielle, par suite de la soudure intime du péricarpe et de la graine.

3° *Soit par la grande consistance du péricarpe :* Il est certains genres (*Scrophularia*, *Verbascum*), où la déhiscence est septicide, mais où elle a beaucoup de peine à s'effectuer par suite de l'état coriace des carpelles; et dans l'*Hottonia palustris*, les valves de la capsule se séparent si rarement, que plusieurs auteurs attribuent à cette espèce une capsule évalve, tandis qu'au témoignage de Vaillant, elle s'ouvrirait en cinq panneaux de la pointe à la base. De même, si le caractère des gousses est d'être déhiscentes, il en est de complétement indéhiscentes, et d'autres où la déhiscence est tout à fait tardive (*Faba*, *Cercis*).

2. Valeur taxinomique comparée de l'ovaire et du fruit.

La liste serait longue des plantes où le fruit diffère essentiellement de l'ovaire par le nombre soit des loges, soit des germes que celles-ci renferment. Est-ce à dire que le fruit soit moins important que le pistil à l'état jeune ? Autant vaudrait prétendre qu'un organe en voie de formation est aussi important que le même organe arrivé à son complet développement. Remarquez d'ailleurs que les modifications qu'éprouve l'ovaire dans sa transformation en fruit n'ont rien d'arbitraire, qu'elles sont presque fatalement fixées, pour chaque famille, genre ou espèce (avortements constants), et je ne vois pas quelle valeur pourrait avoir en ce débat l'argument que des fruits très-différents commencent par être, du moins en apparence, tout à fait semblables.

DES PÉRICARPES

Et de la déhiscence dans les divers groupes du règne végétal.

§ I. — DE LA DÉHISCENCE COMPARÉE DANS LES DEUX GRANDS EMBRANCHEMENTS PHANÉROGAMIQUES (1).

Correa de Serra a déjà fait observer depuis longtemps, dans sa comparaison des fruits des Monocotylés et des Dicotylés, que les mêmes modes de déhiscence se retrouvent dans ces deux embranchements, à l'exception de la silique, du légume ou gousse et de la coque qui n'ont pas d'analogues chez le premier (2); et que le nombre des fruits monospermes et conséquemment indéhiscents, est aussi proportionnellement plus grand chez les plantes à un seul cotylédon (V. *Annales du Muséum*, t. x, p. 156).

Une étude générale du fruit dans la plupart des alliances et des

---

(1) Doit-on accorder un fruit aux Cryptogames ou Acotylédons? A l'exemple de Montagne, M. Schimper admet sans hésitation chez les Mousses, le développement de l'archégone en fruit : « le fruit des Mousses, dit-il, est terminal et constitue une capsule. » Mais, après avoir décrit le mode de formation de celle-ci, il ajoute : « nous voyons par cet exposé des phénomènes extérieurs qui se présentent pendant le *développement de l'archégone en fruit*, qu'il n'existe aucune analogie avec ceux qui accompagnent l'évolution du carpelle dans les plantes phanérogames, et que le pistil des mousses diffère tout autant du pistil de ces dernières que l'anthéridie diffère de l'étamine (*Rech. anat. et physiol.*, sur les Mousses, p. 58 et 59). » Or, soit que l'on définisse le fruit, le pistil fécondé et accru, soit que l'on considère les deux parties essentielles de tout fruit, la graine et le péricarpe, on ne peut accorder un fruit à ces plantes dont l'archégone, dépourvu de stigmate, de placenta et d'ovule proprement dit, ne reconnaît pas la feuille pour origine et dont la prétendue capsule ou le sporange n'a ni péricarpe ni graine.

Admettant aussi, *du moins provisoirement*, la gymnospermie des Conifères et des Cycadées, nous n'aurons point à nous occuper de ces plantes dans le présent travail.

(2) Correa se demande, à propos de l'absence de la silique, du légume et de la coque (*coccus*) chez les Monocotylés, si ces fruits répugnent à l'organisation de cet embranchement, et il répond à bon droit : « je ne puis le croire. »

familles du règne végétal permet de signaler d'autres différences entre les deux grands embranchements phanérogamiques. Ainsi, la déhiscence pyxidaire est aussi à peu près étrangère aux Monocotylés. Je ne connais celle-ci que dans le petit groupe des Thismiées (*Thismia, Ophiomeris*), car si dans le *Telmatophace* et le *Gymnosiphon* la capsule s'ouvre irrégulièrement au sommet, ce fruit ne mérite pas le nom de pyxide.

Cette différence, à la supposer réelle, ne serait-elle pas liée à la différence d'organisation des feuilles des Monocotylés comparés aux Dicotylés, parallélinerves dans la plupart des premières, penninerves dans la majorité des secondes?

Je ne vois pas non plus chez les Monocotylés, la déhiscence denticide caractéristique d'un grand nombre de Caryophyllées, ni la poricide que montrent les genres *Antirrhinum* et *Linaria*, ni rien qui rappelle soit les hémicarpelles des Labiées et des Borraginées, soit les diachaines infères des Ombellifères bipartibles à maturité, soit enfin les coques à bec spiraloïde de la plupart des Géraniacées. On peut ajouter que la déhiscence loculicide est plus fréquente chez les Monocotylés que dans les Dicotylés, car cette déhiscence prévaut dans les cinq alliances suivantes : Joncinées, Lirioïdées, Bromélioïdées, Scitaminées, Orchioïdées, c'est-à-dire dans la majeure partie des familles à une seule feuille seminale. Même en tenant compte de l'étendue relative des deux embranchements et de l'extension bien plus considérable de celui des Dicotylédons, on constatera dans ce dernier une beaucoup plus grande diversité de fruits, comme on l'a reconnu pour tous les autres organes, si bien qu'à ce point de vue encore les Dicotylés sont supérieurs aux Monocotylés.

Néanmoins, l'auteur cité plus haut retrouve dans les plantes à un cotylédon la pomme (*pomum*) chez le *Lontarus* et le *Rotang Zalac* de Rumph, la drupe chez le *Sparganium*, la baie chez *Dianella*, *Yucca*, *Musa*, etc ; une capsule charnue chez le Baobab et le Balisier ; une noix chez les souchets.

Enfin, c'est encore une remarque fondée, due à Correa de Serra, que le nombre trois domine dans les fruits composés des Monocotylés, tandis que les nombres deux et cinq sont plus communs au pistil des Dicotylédons.

§ II. — Des fruits et de la déhiscence dans leurs rapports avec les classes, les alliances et les familles.

Je ne saurais rien dire de général sur les rapports de la déhiscence avec les subdivisions des embranchements ou les classes; mais quant à ces groupes naturels de familles appelés *Alliances*, il en est un grand nombre chez lesquels on peut signaler des concordances à cet égard, comme on le verra dans la revue qui suit de ces groupes.

Avant d'aborder cette étude comparative des alliances et des familles, il convient de déterminer pour chacune d'elles le nombre et la nature de fruits et de déhiscences qu'elles présentent, sans toutefois méconnaître que cette détermination, bien précise pour quelques familles, n'a pour plusieurs d'entre elles rien d'absolu.

A. — *Classement des familles d'après le nombre et la nature des fruits.*

De Candolle, après avoir fait remarquer au sujet de la constitution des familles, que rien de ce qui est contradictoire ne peut s'y trouver réuni, ajoute: « c'est d'après ce principe que M. Correa a exclu avec raison tous les arbres à fruit déhiscent de la famille des orangers, parce que cette structure est contradictoire avec celle des fruits propres à cette famille (*Théor. élém.*, 1re édit., p. 193). » Un fruit charnu est un des caractères essentiels des Pomacées, des Amygdalées, des Ebénacées, des Ribésiacées.

Il est à noter qu'aucune famille (à moins qu'on ne considère comme telle les Lécythidées), n'est caractérisée par la déhiscence pyxidaire, ni par la poricide.

Si l'on cherche à grouper les familles, d'après le caractère du fruit, on séparera d'abord celles dont le fruit est indéhiscent; puis celles qui n'ont qu'une seule sorte de fruit mais déhiscent;

enfin on groupera les autres d'après le nombre et la nature des fruits indéhiscents ou déhiscents quelles peuvent offrir.

I. = Familles à fruit indéhiscent (1)

FRUITS SECS.

Fruit sec monosperme : Paronychiées, Elæagnées, Balanophorées.

Achaines : Composées, Calycérées, Dipsacées, Valérianées, Calycanthées, Sélaginées, Polygonées, Nyctaginées.

Diachaine : Ombellifères.

Caryopses : Graminées, Globulariées.

Caryopses samaroïdes : Casuarinées.

Samares : Ulmacées, Acérinées.

Nucules coriaces : Potamées, Grubbiacées, Nélumbonées, Trapées, Platanées, Juglandées, Cupulifères, Corylacées, Bétulacées, Myricées, Santalacées.

Coques indéhiscentes : Limnanthées, Coriariées, Diosmées.

Hémicarpelles : Borraginées, Labiées.

Utricules : Brunoniacées.

FRUITS CHARNUS.

Fruit charnu : Callitrichinées.

Baies : Aspidistrées, Taccacées, Asparaginées, Flagellariées, Aroïdées, Sapotées, Ebénacées, Crescentices, Cactées, Ribésiacées, Araliacées, Ampélidées, Schizandrées, Napoléonées, Rousséacées, Salvadoracées, Batidées, Loranthacées, Caprifoliacées.

---

(1) A côté de ces familles qui n'ont qu'une sorte de fruits, il en est d'autres où l'on voit, outre le type carpique prédominant, quelques autres types comme exceptionnels. Ainsi la péponide est propre aux Cucurbitacées qui montrent encore un fruit charnu et déhiscent chez l'*Ecbalium*, une pyxide chez l'*Actinostemma*. Et que de modifications ne subissent pas, jusqu'à devenir méconnaissables, la gousse des Légumineuses, la silique des Crucifères !

J'ajouterai que la division des familles d'après la nature des fruits, la nature et le nombre des déhiscences ne saurait comporter une précision absolue, les fruits de certains genres étant ou inconnus ou si mal connus qu'ils sont diversement décrits ou dénommés par les auteurs ; on sait aussi qu'il est des genres flottants entre plusieurs familles ; enfin la découverte de nouveaux genres peut modifier les résultats acquis.

Syncarpes bacciens : Cyclanthées, Freycinétiées.
Drupes ou baies : Myoporinées.
Drupes : Nipacées, Pandanées, Ilicinées, Humiriacées, Erythroxylées, Hugoniées, Olacinées, Cornées, Gunnéracées, Combrétacées, Ménispermées, Amygdalées, Chloranthacées, Empétrées, Cynocrambées, Celtidécs, Cordiacées, Nolanées.
Hespéridies : Aurantiacées.
Pommes : Pomacées.

II. = Familles à un seul mode de déhiscence.

Soit *loculicide :* Cannées, Polémoniacées, Hydrophyllées, Loasées, Turnéracées, Moringées, Chlænacées, Bignoniacées (où le *Polyschisma*, après avoir offert la déhiscence loculicide, montre la déhiscence septicide) (1), Monotropées (à 4-5 valves), Pyrolacées (à 3-5), Diapensiées, Molluginées, Aizoïdées, Iridées, Eriospermées, Conanthérées, Gilliésiées, Commélinées, Eriocaulonées, Vellosiées, Hippocastanées, Aquilarinées, Acanthacées (où le g. *Mendozia* fait exception par sa drupe sèche), Pénæacées (à 4 valves), Tamariscinées, Violariées (baie dans le seul g. douteux *Pentaloba*), Parnassiées, Droséracées, Salicinées, Sarracéniées, Népenthées, Francoacées, Geissolomées.
Soit *septicide :* Balsamifluées (septicide au sommet seulement : *Liquidambar*), Columelliacées (famille d'un genre, fruit à 2 valves bifides), Sésamées, Gentianées (indépendamment des Ményanthées), Ramondiées, Stylidiées (2 genres, le 3e à fruit inconnu), Goodéniacées, Tropæolées, Linées (simple ou double), Acérinées.
Soit *septifrage :* Cédrélacées, Géraniacées en 5 coques.
Soit *pyxidaire :* Sphénocléacées (mais famille réduite à un genre et à une espèce).
Soit *ruptile* laissant à nu les graines : Ophiopogonées.
Dans d'autres familles le fruit déhiscent est :
Soit un *follicule :* Aponogétonées, Asclépiadées.
Soit *une baie capsulaire* à 2 valves indivises et bifides : Myristicées.
Soit *une sorte de drupe* se partageant en coques à la maturité : Rhizobolées.

(1) Le genre Wightia fait exception par sa déhiscence septifrage.

III. = Familles à deux sortes de fruits.

a. INDÉHISCENTS ET SECS : *Cannabinées* : Achaine (Humulus); caryopse (Cannabis). — *Ulmacées* : Samare (Ulmus); nucule (Planera).

b. INDÉHISCENTS ET CHARNUS : 1° Charnus et bacciens : *Rafflésiacées* : charnu (Rafflesia, Sapria, Brugmansia Hydnora); fruit baccien (Cytinus, Apodanthes, Pilostyles). 2° baie et drupe : — *Palmiers* : baie (Calamus, Corypha, Chamædorea, Morenia, Kunthia, Euterpe, Seaforthia, etc.); drupe (Cocos, Arenga, Borassus, Lodoicea, etc.). — *Phytéléphasiées* : baie coriace (Wettinia); drupes agrégées (Phytelephas). — *Myrsinées* : baie (Mæsa, Jacquinia, Clavija); drupe (Wallenia, Conomorpha, Myrsine, Ardisia, Embelia, Choripetalum). — *Styracinées* : baie (Diclidanthera); drupe (Styrax, Cyrta). — *Vacciniées* : baie (Oxycoccos, Sphyrospermum, Vaccinium, Thibaudia, Ceratostemma); drupe (Gaylusaccia). — *Oliniées* : baie (Fenzlia, Myrrhinium); drupe (Olinia).

c. INDÉHISCENTS, SECS ET CHARNUS : *Hydrocharidées* : baie (Vallisneria, Stratiotes, Hydrocharis, Udora, Ottelia, Blyxa, Limnobium, Hydrilla); fruit membraneux (Lagarosiphon). — *Haloragées* : noix (Myriophyllum, Serpicula, Trapa); drupe soit sèche (Proserpinaca, Haloragis), soit charnue (Hippuris). — *Basellées* : baie (Melloca); péricarpe membraneux, crustacé, coriace (Tournonia, Boussingaultia, Tandonia, Anredera).

d. INDÉHISCENTS ET DÉHISCENTS : *Potamées* : nucules indéhiscents (Ruppia), s'ouvrant irrégulièrement en deux valves (Althenia). — *Typhacées* : fruit drupacé indéhiscent (Sparganium); fruit sec à épicarpe fendu d'un côté (Typha). — *Pontédériacées* : fruit indéhiscent monosperme (Reussia); capsule loculicide (Pontederia). — *Xérotidées* : fruit indéhiscent monosperme (Kingia, Calectasia); capsule loculicide (Xerotes). — *Hæmodoracées* : noix monosperme (Phlebocarya); capsule loculicide (Wachendorfia, Hæmodorum). — *Alismacées* : Achaines (Alisma, Sagittaria); achaines et follicules (Damasonium); — *Lemnacées* : utricule indéhiscent (Lemna, Wolffia); pyxide? (Telmatophace). — *Astéliées* : fruit charnu (Hanguana, Astelia); capsule loculicide (Rapatea). — *Hypoxydées* : fruit sec triloculaire évalve (1) (Hypoxis), baccien (Curculigo). — *Zingibéracées* : fruit charnu triloculaire indéhiscent (Alpinia) ; capsule loculicide (Globba, Zingiber, Curcuma, Amomum, Hedychium, Hellenia, Costus). — *Dioscorées* : baie (Tamus) ; capsule loculicide (Dioscorea). — *Verbascées* : fruit sec indéhiscent (Staurophragma) ; capsule septicide (Verbascum). — *Gesnériacées* : capsule loculicide (Gesneria, Gloxinia, Rytidophyllum, Conradia, Klugia, Tapeinotes, Nematanthus, Episcia, Chirita, Æschynanthus) ; baie (Mitraria Columnea, Hypocyrta). — *Jasminées* : baie (Jasminum) ; capsule septicide (Nyctanthes). — *Cestrinées* : baie (Cestrum, Habrothamnus) ; capsule loculicide (Vestia). — *Stilbinées* : utricule indéhiscent (Stilbe) ; capsule loculicide 4-valves au sommet (Campylostachys) : — *Epacridées* : drupe (Lissanthe, Styphelia, Leucopogon) ; capsule à placenta restant adossé à la colonne centrale (Epacris, Sprengelia). — *Cyrillées* : drupe (Cliftonia) ; capsule charnue bivalve (Cyrilla) ; — *Staphyléacées* : baie (Turpinia) ; capsule s'ouvrant au sommet par la suture ventrale (Staphylea). — *Hippocratéacées* : baie (Salacia) ; trois carpelles bivalves (Hippocratea). — *Bruniacées* : nucules indéhiscents (Brunia, Berzelia) ; capsule à deux coques à déhiscence ventrale (Berardia, Linconia). — *Saxifragées* : fruit charnu (Polyosma) ; capsule loculicide (Saxifraga). — *Nymphéacées* : fruit se décomposant (Nymphæa, Nuphar) ; séparation des éléments carpiques (Barclaya). — *Guttifères* : baie (Moronobea, Platonia, Garcinia, Ochrocarpus, Calophyllum, Mammea) ; capsule septicide (Chrysochlamys, Rengifera, Renggeria, Clusia). — *Ochnacées* : fruit indéhiscent (Ochna, Gomphia, Elvasia) ; capsule septicide (Godoya, Pœcilandra). — *Oxalidées* : baie (Averrhoa, Connaropsis, Dapania) ; capsule loculicide, les valves adhérant à la columelle (Oxalis, Hipseocharis). — *Balsaminées* : drupe (Hydrocera) ; capsule loculicide élastique (Impatiens, Balsamina). — *Fumariacées* : achaine (Fumaria) ; fruit sec bivalve (Corydalis, Adlumia, Dicentra). — *Flacourtianées* : baie (Flacurtia, Xylosma) ; capsule bivalve (Bixa). — *Lardizabalées* : baie (Boquila, Holbœllia) ; fruit charnu s'ouvrant tardivement en dedans (Decaisnea, Stauntonia, Akebia). — *Garryacées* : baie (Garrya) ; capsule (Simmondsia). — *Plantaginées* : nucules

(1) D'après M. Duchartre (*Man. génér. des plantes*, t. IV, p. 620) ; mais M. Spach écrit du g. Hypoxis : « Péricarpe indéhiscent ou loculicido-trivalve » (*Végét. Phanérog.*, t. XIII, p. 115).

(Littorella, Bougueria); pyxide (Plantago). — *Bégoniacées* : capsule loculicide (Begonia, Casparya); baie (Mezieria).

e. DÉHISCENTS : *Joncées* : capsule loculicide (Juncus, Luzula); capsule septifrage (Cephaloxis). — *Butomées* : follicules (Butomus); carp. à déhiscence dorsale (Limnocharis). — *Cuscutées* : Pyxide (Cuscuta, Epilinella, Monogynella); capsule s'ouvrant au sommet (Succuta). — *Hydroléacées* : capsule bivalve septifrage (Hydrolea), loculicide (Wigandia). — *Lentibulariées* : capsule bivalve (Pinguicula, Utricularia arenaria, U. Gomezii); capsule à déhiscence irrégulière (Utricularia). — *Philadelphées* : capsule loculicide (Philadelphus) ; déhiscence septicide en coques (Deutzia). — *Mélianthées* : capsule à 4 loges s'ouvrant au sommet par la suture ventrale (Melianthus); capsule loculicide à 4-5 valves (Bersama). — *Cistinées* : capsule loculicide (Cistus la plupart, Helianthemum, Hudsonia); capsule septicide (Lechea). — *Crassulacées* : follicules (Crassula, Sedum, Sempervivum) ; capsule à valves se détachant (Diamorpha). — *Saururées* : follicules (Saururus) ; capsule à 3-4 loges s'ouvrant à l'intérieur (Spathium).

IV. = Familles à trois sortes de fruits.

a. INDÉHISCENTS, SECS ET CHARNUS : *Laurinées* : drupe (Caryodaphne); baie monosperme (Laurus); caryopse (Cryptocarya, Agatophyllum, Acrodiclidium, Cassyta. — *Thymélées* : drupe (Peddiea); baie (Daphne); noix (Pimelea, Thymelina, Thymelæa, Gnidia). — *Morées* : drupe (Morus) ; utricule (Ficus); achaine (Maclura).

b. DEUX FRUITS DÉHISCENTS ET UN INDÉHISCENT : *Naïadées* : caps. bivalve (Cymodocea) ; utricules irrégulièrement ruptiles (Zostera); nucules 1-sp. (Caulinia, Najas). — *Juncaginées* : caps. 3-4-6 loc. à déhisc. ventrale (Triglochin, Tetroncium) ; follicules Scheuchzeria) ; caryopse (Lilæa). — *Restiacées* : follicules (Loxocarya); caps. locul. (Lyginia); noix (Thamnochortus, Ceratocaryum). — *Liliacées* : caps. locul. (Scilla, Hyacinthus, Allium, etc.); caps. septic. (Calochortus, Agapanthus, Kniphofia); baie (Lomatophyllum). — *Amaryllidées* : caps. locul. (Amaryllis, Narcissus); caps. irrégulièrement ruptile (Crinum); fr. charnu indéhiscent (Gethyllis, Hæmanthus, Sternbergia,

Clivia). — *Broméliacées :* caps. locul. (Tillandsia, Bonapartea, Pourretia); caps. septic. (Pitcairnia, Brocchinia, Neumannia); baie (Ananassa, Bromelia). — *Musacées :* fr. coriace charnu à l'extérieur, s'ouvrant à l'intérieur, soit en trois coques par déhiscence septicide (Heliconia), soit par déhiscence loculicide (Strelitzia, Ravenala); baie (Musa). — *Magnoliacées :* gousse (Magnolia); follicule (Illicium); fruit indéh. (Liriodendron, Aromadendron, Buergeria). — *Anonacées :* follicules (Anaxagorea); fr. charnu indéhiscent ou s'ouvrant irrégulièrement (Xylopia, Cymbotium); baie (Anona). — *Marcgraviacées :* caps. locul. (Ruyschia), caps. s'ouvrant irrégulièrement par la base et laissant à nu les placentas (Marcgravia); baie (Norantea.) — *Camelliacées :* caps. locul. (Thea, Stuartia, Camellia), caps. septicide; (Bonnetia, Archytæa, Caraipa, Mahurea); fruit indéhiscent (Pyrenaria, Pelliciera, Omphalocarpum). — *Résédacées :* follicules (Astrocarpus); fruit sec béant au sommet (Reseda, Caylusea); baie (Ochradenus). — *Portulacées :* caps. 3-valve (Talinum, Calandrinia, Claytonia); Pyxide (Portulaca, Trianthema, Cypselea); utricule indéh. (Portulacaria); — *Caryophyllées :* caps. valvicide (Stellaria, Arenaria, Buffonia, Sagina, Spergula); caps. denticide (Cerastium, Holosteum); fruit subindéh. ou indéh. (Cucubalus, Drypis, Acanthophyllum, Sphærocoma);— *Zygophyllées :* caps. septic. (Chitonia, Zygophyllum sous-g. Agrophyllum); caps. locul. (Zygophyllum sous-g. Fabago); fruit indéh. (Rœpera, Sarcozygium). — *Rhamnées :* fruit septic. en coques, soit indéhiscentes, (Paliurus, Retanilla, Ventilago, Berchemia), soit à déhiscence ventrale (Ceanothus, Colletia, Colubrinia, Pomaderris, Cryptandra, Phylica, Gouania); fruit charnu (Zizyphus, Rhamnus).

c. Deux fruits indéhiscents et un déhiscent : *Convolvulacées :* fr. sec indéh. (Cressa, Neuropeltis, Legendrea); fr. subcharnu ou charnu (Rivea, Humbertia, Argyreia); caps. septifrage (Pharbitis). — *Apocynées :* drupes (Cerbera, Ophioxylon); baie (Carissa, Pacouria, Collophora, Couma); follicules (Apocynum, Nerium, Vinca, Lochnera, Amsonia, Echites, Gelsemium). — *Méliacées :* baie (Milnea, Lansium, Didymochiton, [Sandorium, Walsura); drupe (Melia, Azadirachta, Mallea); caps. locul. (Quivisia, Amoora, Dysoxylon, Schizochiton, Hartigshea, Epicharis, Trichilia). — *Fittosporées :* baie (Billardiera, Pronaya, Sollya); fruit sec indéh. (Citriobatus, Cheiranthera) ; caps. locul. (Pittosporum, Hymenosporum, Bursaria, Marianthus). — *Polygalées* : fruit indéh., soit samaroïde (Securidaca, Trigoniastrum), soit drupacé (Mundia, Carpolobia) ; caps. locul. (Polygala, Salomonia, Muraltia, Badiera, Comesperma, Catocoma).—*Passiflorées*: fr. coriace indéh. (Barteria) ; baie (Passiflora, Tacsonia); caps. locul. (Deidamia, Triphostemma, Basananthe, Paropsia, Smeathmannia). — *Capparidées* : baie (Capparis, Cadaba) ; drupe (Roydsia) ; fr. septic. bivalve, les valves se séparant des placentas (Cleome, Polanisia, Gynandropsis). — *Bombacées*: baie (Montezuma); fr. sec indéh. (soit 1-loc. et 1-sp. Cavanillesia, soit plurilocul. polysp. Adansonia) ; caps. locul. (Hampea, Pachira, Chorisia, Bombax, Eriotheca, Eriodendron, Salmalia, Durio, Ochroma, Cheirostemon, Neesia). — *Sterculiacées* : carpelles indéh., soit samaroïdes (Tarrietia), soit subligneux (Heritiera) ; follicules (Sterculia, Cola).

d. DÉHISCENTS : *Burmanniacées* : caps. loculicide (Burmannia, Dictyostega); fr. s'ouvrant soit par un angle au sommet (Cymbocarpa), soit irrégulièrement au sommet (Gymnosiphon). — *Primulacées* : Pyxide (Anagallis, Centunculus) ; déhisc. valvaire (Corthusa, Cyclamen, ces valves étant ou cohérentes au sommet : Hottonia, ou révolutées : Trientalis), ou par des dents (Soldanella, parfois réfléchies : Samolus). — *Orobanchées* : déhisc. en 2 valves soit adhérentes aux deux extrémités (Orobanche), soit écartées au sommet adhérentes à la base (Phelipæa), soit portant les placentas (Clandestina). — *Campanulacées* : caps. locul. s'ouvrant par de nombreuses fentes transversales (Musschia), sur ses côtés à des hauteurs variables et en valves (Campanula, Phyteuma, Specularia, Trachelium, Adenophora, Michauxia), au sommet (soit par des valves : Jasione, Codonopsis, Canarina, Platycodon, Microdon, Wahlenbergia, soit par un pore : Specularia, soit irrégulièrement : Roella). — *Aristolochiées* : déhisc. irrégulière (Asarum), septic. (Bragantia), septic. ou septifr. selon les espèces (Aristolochia). — *Hamamélidées* : caps. locul. (Bucklandia) ; caps. septic. à valves soit entières (Liquidambar), soit bifides (Dicoryphe).

V. = Familles à quatre sortes de fruits.

a. DEUX DÉHISCENTS ET DEUX INDÉHISCENTS : *Ericinées :* caps. locul.
(Andromeda , Clethra, Erica); caps. septic. (Rhododendrum ,
Azalea, Calluna, Rhodora, Ledum, Kalmia); baie(Oxycoccos,
Pernettia , Vaccinium , Arbutus) ; drupe (Arctostaphylos ,
Comarostaphylis , Gaylusaccia). — *OEnothérées* : caps. locul.
(OEnothera , Clarkia, Gayophytum , Eulobus , Hauya , Se-
meiandra , [Lopezia , Riesenbachia', Diplandra); caps. septic.
(Jussiæa , Ludwigia); noix (Gaura , Stenosiphon , Circæa) ;
baie (Fuchsia). — *Renonculacées :* follicules (Aconitum ,
Delphinium , Helleborus , Pæonia); caps. déhisc. au sommet
(Nigella); achaines (Clematis , Thalictrum , Ranunculus ,
Adonis , Myosurus , Anemone , etc.) ; baie (Actæa) ; — *Hypé-*
ricinées : caps. septic. (Hypericum); caps. locul. (Ceratoxylon ,
Eliæa) ; baie (Androsæmum, Vismia, Psorospermum) ; drupe
(Haronga , Endodesmia).

b. TROIS DÉHISCENTS , UN INDÉHISCENT : *Colchicacées :* caps. septic.
(Colchicum); caps. locul. (Ornithoglossum, Anguillaria , Narthecium, Schellammera, Tricyrtis); fr. baccien et déhiscent au
sommet (Uvularia) ; fr. indéhiscent?(Drapiezia).—*Plumbagi-*
ginées : fr. à 5 valves (basilaires : Valoradia, se séparant du
sommet à la base : Vogelia), à opercule terminal, sans valves
(Goniolimon), puis à valves (Acantholimon); fr. subindéhis-
cent (Armeria'.—*Solanées :* caps. septic. (Nicotiana); caps. locul.
et septifrage (Datura); pyxide (Hyoscyamus) ; baie (Solanum,
Atropa , Mandragora, Capsicum, Physalis, Lycium). — *Gen-*
tianées : caps. septicido-bivalve (Gentiana, Exacum, Iribachia,
Helia, Coutoubea, Belmontia, Sebæa, Lagenia, Schubleria,
Hexadenus); caps. bivalve et à valves bifides (Nympheanthe);
caps. se rompant près de la suture des valves (Menyanthes);
caps. évalve, se déchirant par macération (Limnanthemum).—
Verbénacées : drupe (Vitex, Lantana , Spielmannia, Tamonea,
Hosta, Walrothia, Premna, Pityrodia); fruit un peu charnu à
déhiscence septicide (Priva, Blairia, Bouchea, Stachytarpheta),
à déhiscence d'abord septicide puis loculicide (Caryopteris ,
Hymenopyramis), à déh. à la fois septicide et loculicide (Teu-
cridium, Amethystea). — *Papavéracées :* fr. bivalve de bas en
haut (Chelidonium), de haut en bas (Glaucium, Stylophorum),

s'ouvrant en valvules sous-stylaires entre les placentas (Papaver), indéhiscent (Bocconia, Sanguinaria). — *Rutacées :* caps. locul. à 3-4 valves (Peganum), à lobes s'ouvrant au sommet par déhisc. ventrale (Ruta), se séparant en coques (Dictamnus); fr. charnu indéhiscent (Ruteria). — *Malvacées :* caps. locul. (Bastardia, Hibiscus, Senra, Lagunaria, Fugosia, Thespesia, Gossypium, Decaschistia, Kosteletzkya); fruit baccien se séparant en coques (Malvaviscus) ; fruit sec se séparant en carpelles (indéhiscents : Malva, Althæa, Lavatera, Sidalcea, Malvastrum, Urena, Gœthea, indéhiscents ou déhiscents : Callirhoe, Malachra, Pavonia); carp. libres indéh. (Malope, Kitaibelia, Palava).

c. TROIS INDÉHISCENTS, UN DÉHISCENT : *Oléinées :* drupe (Olea, Chionanthus, Linociera, Noronhia, Notelæa) ; baie (Ligustrum, Stereoderma); Samare indéh. (Fraxinus, Fontanesia); caps. locul. (Syringa, Forsythia). — *Euphorbiacées :* fr. charnu baccien (Capellenia, Givotia); fr. drupacé pomiforme (Hippomane); fr. sec indéh. (Crotonopsis); fr. déhisc., soit en coques (Euphorbia, Hura), soit de bas en haut en 6 valves (Agyneia). — *Amarantacées :* utricule indéh. (Henonia, Achyrantes, Acnida, Amblogyna); caryopse (Cruzeta, Deeringia); baie (Rodetia) ; pyxide (Celosia, Hermstœdtia).

VI. = Familles à cinq sortes de fruits.

a. INDÉHISCENTS : *Chénopodées :* Utricule (Chenopodium, Salsola, Halogeton, Noæa, etc.); nucule (Wallinia); caryopse (Anthochlamys); fruit baccien (Rhagodia); capsule (Orcobliton, Agriophyllum).

b. QUATRE FRUITS INDÉHISCENTS ET UN DÉHISCENT : *Célastrinées :* fr. sec indéh. (Cassine, Hartogia, Lauridia); fr. samaroïde (Plenckia); baie (Perrottetia, Goupia) ; drupe sèche (Elæodendron); caps. locul. (Evonymus, Catha, Lophopetalum, Pachystima, Kokoona, Alzatea, Celastrus, Maytenus, Polycardia, Pterocelastrus, Putterlickia).' — *Malpighiacées :* samare (Gaudichaudia, Janusia, Heteropteris, Acridocarpus, Sphedamnocarpus, Stigmaphyllum, Banisteria); utricules (Acmanthera); noix (Burdachia, Glandonia, Dicella); drupe (Malpighia, Byrsonima, Bunchosia); déhisc. septic. en trois coques (soit indéh. : Thryallis, soit déhisc. : Galphimia, déhisc. par sut. dorsale : Verrucularia) — *Térébinthacées :* drupe (Pistacia, Rhus , Comocladia, Melanorrhæa, Schinus, Smodingium, Semecarpus, Oncocarpus, Duvana, etc.); baie (Gluta, Corynocarpus).; caryopse ou fruit sec coriace (Astronium); noix (Anacardium , noix ou drupe : Semecarpus); fruit drupacé bivalve (Mangifera , Buchania et quelques Pistacia).

c. TROIS FRUITS INDÉHISCENTS ET DEUX DÉHISCENTS : *Mélastomacées :* baie (Kibessia, Blakea, Pachyanthus, Charianthus, Conostegia, Medinilla, Omphalopus, Dalemia, etc.); drupe (Mouriria); baie irrégulièrement ruptile (Melastoma, Tristemma, Astronia); caps. (locul.: Bucquetia, à 2-3-4-5 valves: Tulasnea, Chætostoma, Centradenia, Switramia, Sonerila, Phyllagathis, Bertolonia, Oxyspora, Barthea, Meriana , Huberia , Rhexia, Monochætum). — *Zanthoxylées :* drupe (1 Skimmia, 1-4 Pitavia , Melanococca); samare (Ptelea); coques indéh. (Medicosma); coques bivalves (Pilocarpus, Zanthoxylum, Evodia); caps. déh. en 5 coques bivalves (Esenbeckia).

d. DEUX FRUITS INDÉHISCENTS ET TROIS DÉHISCENTS : *Lobéliacées :* baie (Piddingtonia, Centropogon , Cyanea, Delissea); fr. membran. (Pratia, ou subcharnu Pratia, Clermontia) ; caps. locul. (Merleria , Clintonia, Grammatotheca), pyxide (Lysipoma); déhisc. par 2 pores (Sclerotheca). — *Dilléniacées :* 2-3 achaines (Schumacheria); fr. charnu (Doliocarpus) ; 4-5 follicules (Tetracarpæa, Candollea); fr. subcharnu déhisc. en 2 valves latérales (Ricaurtea); caps. irrégulièrement déhisc. (Acrotrema.)

VII. = Familles à six sortes de fruits.

c. QUATRE INDÉHISCENTS , DEUX DÉHISCENTS : *Simaroubées :* drupe 1 ou plusieurs (Balanites , Picrodendron, Quassia, Simaruba, Eurycoma, Castela , Brucea); baie (Picramnia); samare (Ailantus); fr. sec indéh. (Soulamea, Suriana); déhisc. septic. en coques (Cneorum); carp. bivalves (Cadellia, Brunellia, Dictyoloma.)

b. TROIS INDÉHISCENTS ET TROIS DÉHISCENTS : *Myrtacées :* baie (Eugenia, Myrtus, Psidium, Psidiopsis, Barringtonia, Careya, Planchonia , Gustavia); drupe (Aulacocarpus , Fenzlia); fr. sec indéh. (Calythrix, Chamælaucium, Verticordia , Dar-

winia, Beaufortia, Schizopleura, Conothamnus) ; cap. s'ouvrant
au sommet (Pileanthus, Thryptomene) ; pyxide (Lecythis, Le-
cythopsis, Couratari , Bertholletia) ; caps. locul. (Leptospermum, Metrosideros, Tristania, Beaufortia, Callistemon,
Asteromyrtus). — *Légumineuses*: légume normal (la plupart
Vicia , Phaseolus, etc.) ; légume à valves se séparant des placentas (Carmichaelia) ; légume lomentacé (Hippocrepis, Adesmia) ; achaine (Melilotus , la plupart des Trifolium) ; fruit
indéh. sec à cloisons transversales (Cassia , Gleditschia) ;
fr. drupacé indéh. (Detarium).— *Tiliacées* : Drupe (Grewia) ;
baie (Muntingia, Aristotelia) , fruit indéh. sec (Diplo-
phractum, Tilia, Leptonychia, s.-g. Lappula du g. Triumfetta) ; caps. septic. (Dubouzetia, et à coques : s.-g. Bartramea
du g. Triumfetta) ; carp. distincts bivalves (Brownlowia,
Christiana). — *Protéacées* : drupe (Persoonia, Guevinia) ;
noix (Protea, Isopogon, 2 sect. du g. Leucadendron) ; samare (2 sect. du g. Leucadendron) ; follicules (Grevillea);
caps. bivalve (Hakea) ; fr. déhisc. au sommet puis ruptile
(Hemiclidia).

a. Deux indéhiscents et quatre déhiscents : *Loganiacées* : drupe
(Strychnos en partie) ; baie (Fagræa , Cyrtophyllum, Sykesia,
Potalia , Anthocleista, Strychnos en partie) ; caps. septicide
(Antonia , Usteria) ; caps. probablement loculic., d'après
M. Alph. de Candolle, (Lachnopylis); caps. déhisc. en 2 coques
bivalves (Spigelia) ; caps. s'ouvrant vers le haut par la suture
ventrale (Mitreola , Mitrasacme). — *Berbéridées* : baie (Ber-
beris, Mahonia) ; fruit vésiculeux indéh. (Bongardia , Leon-
tice) ; pyxide (Jeffersonia) ; fruit à péricarpe s'évanouissant
(Caulophyllum) ; fruit s'ouvrant par le dos soit en 2 valves
(Vancouveria), soit en une valve (Epimedium.)

d. Un indéhiscent et cinq déhiscents : *Scrophularinées* : baie
(Teedia , Halleria) ; fruit subindéh. ou à déhisc. tardive et irrégulière (Peplidium , Anarrhinum); caps. locul. (Paulownia,
Macrosiphon , Siphonostegia , Tetranema , Leucocarpus ,
Angelonia , Diclis , Escobedia, Physocalyx , Melasma , Hemi-
chæna, Alectra, Geochorda, Buchnérées, Gérardiées, Euphrasiées) ; caps. septicide (Wightia , Chilostigma, Scrophularia,
Russelia, Hemimeris, Diascia, Colpia, Nemesia, Sutera, Li-
peria); caps. septic. et locul. (Erinus) ; caps. poricide (Antirrhinum, Linaria); — *Cucurbitacées* : pépon indéh. (Cucurbita,
Cucumis, Citrullus) ; déhisc. par rupture irrégulière (Momor-

dica); déhisc. valvaire (Schizocarpum); pyxide (Actinostemma); fruit s'ouvrant avec élasticité par le soulèvement soit d'un opercule apical (Luffa), soit du pédoncule (Ecbalium.)

VIII. = Familles à sept sortes de fruits.

a. Un INDÉHISCENT, SIX DÉHISCENTS : *Lythrariées :* baie (Sonneratia); pyxide (Pemphis et quelques Ammannia); caps. irrégulièrement ruptile (Didiplis, Lawsonia); caps. s'ouvrant d'un côté (Cuphea); caps. locul. bivalve (Woodfordia, Crypteronia); caps. septic. bivalve (plusieurs Lythrum, Nesæa, Ginora); caps. septifr. (Quartinia, Antherylium, Tetrataxis).

b. DEUX INDÉHISCENTS, CINQ DÉHISCENTS : *Rosacées :* baie (Rubus); achaines (soit nus : Poterium, Potentilla, Geum, Dryas, Fragaria, Waldsteinia, Comarum; soit dans un urcéole : Rosa, Agrimonia); follicules (Spiræa, Vauquelinia); légume (Quillaja); caps. lign. à 5-15 loges septic. (Eucryphia, Euphronia); caps. locul. (Lindleya); caps. à dix carp. radiants étalés s'ouvrant vers le haut (Neurada).

c. TROIS INDÉHISCENTS, QUATRE DÉHISCENTS : *Crucifères :* achaine ou nucule (Calepina, Neslia, Myagrum, Isatis, Peltaria, Clypeola); deux articles superposés (Rapistrum, Crambe où l'inférieur pédicilliforme); fruit didyme indéhisc. Megacarpæa); fruit didyme déhisc. (Biscutella, Cremolobus); deux articles superposés et soit déhisc. (Hemicrambe), soit l'inférieur bivalve, le supérieur indéhisc. (Morisia, Fortuynia, Erucaria); silique ou silicule (soit ordinaire et à deux valves : Arabis, Sisymbrium, Eruca, Alyssum etc., soit à 3-4 valves : Tetrapoma, soit s'ouvrant avec élasticité : Cardamine).

d. SEPT SORTES DE DÉHISCENCES : Orchidées : six fentes et six valves dont trois plus grandes (Orchis, Ophrys, Serapias, etc.); les six valves restant soudées par la base, devenant libres au sommet (Leptotes); trois fentes et trois valves soit cohérentes au sommet (Cattleya), soit s'y séparant (Fernandezia); deux fentes et deux valves inégales (Pleurothallis), se séparant au sommet, les deux valves descendant jusqu'à moitié du fruit (Vanilla); une seule fente (Angræcum).

IX. = Familles à huit sortes de fruit.

a. Deux indéhiscents, six déhiscents : *Byttnériacées* : drupe (Theobroma); fruit coriace ligneux indéhisc. (Herrania); caps. locul. (Eriolæna, Mahernia, Melochia, Dombeya, Astiria, Cheirolæna, Trochetia, Pentapetes, Melhania, Pterospermum, Reevesia, Kleinhovia, Guazuma); caps. locul. et septic. (Abroma): cap. septicide (Dicarpidium), et à carp. s'ouvrant soit par la suture dorsale (Seringia), soit par la suture ventrale (Helicteres), soit en deux valves (Ayenia, Buttneria, Rulingia).

b. Quatre indéhiscents, quatre déhiscents : *Sapindacées* : drupe (Lecaniodiscus, Melicocca, Lepisanthes); baie (Jagera); samare indéhisc. (Urvillea, Serjania, Erioglossum); fr. sec indéhisc. (Macphersonia, Hippobromus, Anomosanthes, Scorodendron, et à coques : Dittelasma); caps. locul. (Cardiospermum, Valenzuelia, Kœlreuteria, Cossignia, Ungnadia, Magonia, Diploglottis, Pteroxylon); caps. septic. (Paullinia, Castanella, Dodonæa, Distichostemon, Pteroxylon, et à coques s'ouvrant en dedans : Diplopeltis); pyxide (Spanoghea).

X. = Familles à dix sortes de fruits.

a. Quatre indéhiscents, six déhiscents : *Rubiacées* : baie (Dentella, Randia, Isertia, Gardenia, Higginzia, Petunga, Fernelia, Plocama, Hydrophilax, Cuncea, Serissa, Cordiera, Evosmia, Hamelia, Geophila, Salzmannia, Pataboa); drupe (Xanthophytum, Gonzalea, Guettarda, Stenostomum, Dipyrena, Amaracarpus, Scyphiphora, Ernodea); fruit coriace-charnu (Chapelieria); fruit subcrustacé indéhisc. (Breonia); caps. locul. (Polypremum, Ophiorhiza, Virecta, Sipanea, Carphalea, Wendlandia, Portlandia, Condaminea, Manettia, Hymenodictyon, Hillia, et à valves bifides : Spallanzania); caps. septic. (Cinchona, et à valves bifides : Remija, Hymenopogon, Coutarea); fruit sec à deux coques (soit indéhisc. : Galium, Sherardia, Vaillantia, Crucianella, Otiophora, Knoxia, Stevensia, Nauclea, soit bifides : Isidorea); caps. à cinq pyrènes déhisc. au sommet (Hamiltonia); caps. septifrage-bivalve (Tessiera, Phyllocarpus, Bouvardia); caps. pyxidaire (Mitracarpum, Perama, Lipostoma).

B. *Rapports des alliances et des familles envisagées au point de vue de la déhiscence (1).*

I. — Monocotylés.

Glumacées (Graminées , Cypéracées) : fruit sec , monosperme indéhiscent (2).

Palmiers : Fruit souvent monosperme par avortement, sec ou charnu, mais parfois triloculaire ou à 2-3 carpelles distincts.

Pandanoïdées (Cyclanthées , Freycinétiées , Pandanées). Les deux premières familles ont un syncarpe, la troisième a des drupes agrégées , que l'on retrouve chez les Nipacées et les Phytéléphasiées, plus rapprochées sous ce rapport des Pandanoïdées que des Palmiers.

Aroïdées (Aracées, Typhacées). Le fruit baccien dans la première famille, de consistance variable dans la seconde, est généralement indéhiscent, à l'exception du *Typha* où il se montre fendu d'un côté.

Joncinées (Restiacées , Eriocaulonées , Commélinées , Joncées , Xyridées). Les quatre premières familles offrent une capsule loculicide; mais chez les Restiacées on observe en outre des fruits folliculaires et d'autres nucamentacées, tandis que la capsule des Xyridées s'ouvre incomplètement aux sutures.

Lirioïdées (Liliacées, Gilliésiées, Amaryllidées, Iridées, Hypoxidées , Mélanthacées, Astéliées, Dioscorées, Taccacées , Burmanniacées). La déhiscence loculicide est, à quelques exceptions près , générale dans les quatre premières familles, auxquelles on pourrait joindre les Eriospermées et les Conanthérées. On la retrouve dans trois genres des Hypoxidées , dans le Dioscorea , dans quelques Astéliées (bien que ces trois derniers groupes aient aussi, comme les Taccacées, des baies) et Burmanniacées. Celles-ci ont en outre une capsule s'ouvrant soit par un opercule, soit par des fentes transversales.

(1) L'ordre suivi est en grande partie celui qui est adopté dans la disposition de l'école de botanique du Jardin des Plantes de Toulouse.

(2) On a cru pouvoir négliger , dans cette comparaison, les cas tout à fait exceptionnels, comme l'est, par exemple , le genre *Sporobolus* dans les Graminées.

Bromélioidées (Hæmodoracées, Vellosiées, Broméliacées, Pontédériacées). Encore ici la capsule triloculaire à déhiscence loculicide domine, surtout dans la première famille et la dernière, bien que l'on constate chez l'une et l'autre des fruits monospermes indéhiscents. Les Vellosiées ont aussi une capsule incomplètement loculicide ; et cette sorte de déhiscence est rare chez les Broméliacées où le fruit est, soit une baie, soit une capsule à déhiscence septicide.

Scitaminées (Musacées, Cannées, Zingibéracées). On retrouve également ici la déhiscence loculicide, à peu près générale dans les Cannées, plus rare dans les Zingibéracées, où souvent le fruit sec est irrégulièrement ruptile par des fentes longitudinales, plus rare encore dans les Musacées dont le fruit tantôt s'ouvre en trois coques et tantôt est indéhiscent, soit bacciforme, soit drupacé.

Orchioïdées (Apostasiées, Orchidées). Voici un dernier groupe à déhiscence loculicide, générale chez les Apostasiées, offrant des modifications très-variées chez les Orchidées où le fruit s'ouvre le plus habituellement en trois valves portant les placentas au milieu et laissant en place les trois nervures médianes des carpelles unies au sommet et à la base.

Hélobiées (Alismacées, Butomées, Juncaginées, Aponogétonées). Des follicules, c'est-à-dire des carpelles à déhiscence ventrale, caractérisent ce groupe, bien que plusieurs Alismacées et Juncaginées aient des fruits indéhiscents.

Fluviales (Hydrocharidées, Naïadées, Lemnacées quoique périspermées.) Des fruits presque toujours indéhiscents (à l'exception du g. *Telmatophace*), utricules ou baies dans la première famille, nucules s'ouvrant quelquefois irrégulièrement en deux valves à la germination dans la seconde : tels sont les caractères carpiques de cette alliance.

II. — Dicotylés.

Si des Monocotylédons nous passons au grand embranchement des Dicotylédons, et d'abord aux Monopétales hypogynes, nous reconnaîtrons que plusieurs alliances se font remarquer par l'uniformité carpique.

Primulinées (*Cortusales* Lindl., exclus. Hydrophylleis : Plantaginées,
Plumbaginées, Primulacées, Myrsinées). Abstraction faite des
Myrsinées, dont le fruit est drupacé ou baccien, on voit une
pyxide chez les Plantaginées et les Primulacées, une capsule à
valves chez celles-ci et les Plumbaginées.

Diospyroïdées Brongn. addit. Jasminées; excl. Ilicinées, Empétrées :
(Sapotées, Ebénacées, Oléinées, Styracinées), ont une drupe
et se lient par le fruit charnu aux Myrsinées : Endlicher les
réunit dans la même alliance (classe).

Ericoïdées Brongn. (Pyrolacées, Ericinées, Epacridées, Monotropées,
Brexiacées). Alliance liée à la précédente par le fruit charnu
(des Arbutées et Vaccinicées), mais remarquable en ce que
toutes ces familles, y compris même celle des Diapensiées, offrent la déhiscence loculicide, soit uniquement (Pyrolacées,
Monotropées, Diapensiées), soit avec la septicide (Ericinées,
Epacridées).

Sélaginoïdées Brongn. (Globulariées, Sélaginées, Myoporinées, exclus.
Jasminées) et *Verbéninées* Brongn. (Verbénacées, Labiées,
Stilbinées, excl. Plantaginées) constituent deux alliances auxquelles M. Brongniart donne également des achaines ou des drupes, ajoutant pour la dernière : « rarement capsule. » Les
Globulariées par leur caryopse et les Stilbinées par leur utricule
ou par leur capsule biloculaire loculicido-quadrivalve, se séparent des autres familles de ces deux alliances. Mais on peut
signaler d'étroites connexions entre les Sélaginées, les Myoporinées, les Verbénacées et les Labiées, bien que les premières
n'aient que deux achaines, les Myoporinées une drupe à 2-4
loges, et les Verbénacées un fruit tantôt de même nature,
tantôt se séparant définitivement en quatre éléments qui,
comme ceux des Labiées, méritent le nom d'*hémicarpelles*.
Si, avec de Martius, on accordait au fruit une importance majeure en taxinomie, on devrait réunir dans la même alliance les
Labiées et les Borraginées avec les Nolanacées (1), les quatre
éléments carpiques des Borraginées n'en valant que deux,
comme ceux des Labiées.

Personées Brongn. (Acanthacées, Sésamées, Pédalinées, Bignoniacées,
Cyrtandracées, Gesnériacées, Utricularinées, Orobanchées, Scro-

(1) M. de Martius désigne la cohorte formée par lui de ces trois familles, sous
le nom d'*Erémocarpées* (fruits solitaires).

phularinées) et *Solaninées* Brongn. (Nolanées, Cestrinées), deux alliances dans la caractéristique de chacune desquelles M. Brongniart écrit : « Fruit : capsule ou baie biloculaire, polysperme.» Les trois principaux types de déhiscence se retrouvent aux capsules de chacune d'elles : septicide (*Scrophularia*, *Nicotiana*), loculicide (les deux tribus Técomées et Eccrémocarpées des Bignoniacées, *Streptocarpus*, *Pinguicula* d'une part, *Datura* de l'autre), septifrage (*Datura*, Sésamées, Bignoniées vraies) ; les baies des *Solanum, Datura, Lycium*, etc., ont leurs analogues chez plusieurs Gesnériées (*Mitraria*, *Picria*), Beslériées (*Columnea*, *Hypocirta*), et chez le *Cyrtandra*. Et si le *Sarmienta* a une pyxide, comme l'ont dit Ruiz et Pavon, il correspondrait aux Jusquiames.

Les rapports des Convolvulacées avec les Polémoniacées d'une part, avec les Hydrophyllées et les Hydroléacées de l'autre, sont diversement appréciés , ces quatre familles figurant tantôt dans une même alliance (Bartling, Endlicher), tantôt dans deux (Brongniart). Au point de vue de la déhiscence, les Polémoniacées et les Hydrophyllées la montrent loculicide ; elle est telle aussi dans le *Wigandia* (Hydroléacées) , tandis que les Convolvulacées appartiennent à un type différent.

Asclépiadinées. Les Gentianées, Spigéliacées, Apocynées, Asclépiadées, Loganiacées formant les *Contortæ* de Bartling , bien qu'elles offrent des fruits bacciens et drupacées (dans plusieurs Apocynées et Loganiacées), ont toutes, du moins dans quelques genres , ou deux follicules ou une capsule septicide et dont les deux valves représentent des follicules. Cependant les Loganicées possèdent en outre , soit la déhiscence septifrage , soit deux coques à déhiscence transversale.

Campanulinées. Elles peuvent se diviser en deux groupes sous le rapport de la déhiscence, septicide dans les Goodéniacées et les Stylidiés, variable dans les Campanulacées et les Lobéliacées, celles-ci ayant parfois un fruit charnu indéhiscent ; néanmoins , la déhiscence loculicide prévaut dans ces deux dernières familles.

Aggregatæ Endl. non Bartl. (Composées, Calycérées, Valérianées , Dipsacées) , groupe très-homogène à fruit sec, monosperme, infère , indéhiscent.

Rubiacinées. Bartling , Meisner, Endlicher réunissent dans une même alliance, les Rubiacées et les Caprifoliacées : la première de ces familles offre les modes les plus variés de fruits et de déhiscences ; mais le fruit baccien, qui caractérise la seconde, ne lui est pas étranger.

Ombellinées Brongn. (Cornées, Garryacées, Araliacées, Ombellifères). Adr. de Jussieu intercale à ces quatre groupes les Gunnéracés, qui, comme les Cornées, par leur drupe, établissent la transition aux Rubiacées ; les Garryacées se lient aux familles précédentes par leur fruit baccien (du moins chez le *Garrya*), et aux Araliacées qui ont toutes cette sorte de fruit. Mais les Ombellifères représentent dans cette alliance un second type carpique.

Célastroïdées (Ampélidées, Rhamnées, Célastrinées, Empétrées, Pittosporées, Ilicinées). Une drupe caractérise les Empétrées et les Ilicinées, une baie les Ampélidées. Dans les Célastrinées, comme dans les Pittosporées, certains genres ont un fruit bacciforme et d'autres une capsule loculicide, tandis que les Rhamnées ont un fruit drupacé ou capsulaire se séparant en coques.

Térébinthinées, *Légumineuses*, *Rosinées* (Amygdalées, Rosacées, Pomacées, Calycanthées). La première de ces alliances se rapproche de plusieurs des familles de la précédente par son fruit drupacé. Les Légumineuses, qui tirent leur nom de leur fruit si caractéristique, ont parfois aussi une drupe (*Detarium*), servant de transition aux Amygdalées (aussi appelées Drupacées). Mais si les Rosacées nous offrent également des drupéoles dans le g. *Rubus*, d'un autre côté, elles se rapprochent des Calycanthées par les genres pourvus d'achaines, tandis que les Pomacées montrent, comme les Amygdalées, un groupe à type carpique bien distinct.

Myrtoïdées (Mélastomacées, Myrtacées, Granatées). A part la dernière famille réduite à un genre et dont le fruit est une balauste, il y a correspondance parfaite entre les Mélastomacées et les Myrtacées, ces deux groupes ayant l'un et l'autre pour fruits des baies, des drupes, des capsules loculicides.

Œnothérinées (Œnothérées, Lythrariées, Haloragées). Le fruit nucamentacé des Haloragées a son analogue dans celui des *Circœa*; et dans les deux premières familles, la déhiscence est souvent loculicide, les placentas restant soudés en colonne libre.

Passiflorinées (Cucurbitacées, Datiscées, Bégoniacées, Passiflorées, Loasées, Turnéracées, Ribésiacées). La déhiscence loculicide est propre aux Turnéracées et aux Bégoniacées et on la retrouve chez les genres de Passiflorées à fruit sec, de même que chez plusieurs Loasées à fruit s'ouvrant en un certain nombre de valves dont la moitié porte les placentas. Des rapports que l'on signale entre les Cucurbitacées, les Passiflorées et les Ribésiacées, un des plus marqués se tire de la nature charnue de leur fruit à placentation pariétale. — Les Datiscées seules sont isolées dans cette alliance.

Cactoïdées Brongn. (Cactées, Ficoïdes). Les Cactées se lient si étroitement par le fruit aux Ribésiacées que A.—L. de Jussieu n'en formait qu'une famille à deux divisions ; aussi quelques taxinomistes, Bartling et Meisner, les placent-ils dans les Péponifères avec les Grossulariées et plusieurs familles de la précédente alliance, tandis que d'autres savants ont fait une alliance distincte soit des Cactées (Endlicher), soit des Ribésiacées (de Martius). Si les Ficoïdes se rapprochent des Cactées par leur placentation souvent pariétale, elles s'en éloignent par leur fruit déhiscent quoique incomplétement et d'après un mode spécial.

Saxifraginées (Crassulacées, Parnassiées, Francoacées, Saxifragées, Philadelphées). Par le fruit charnu du *Polyosma*, les Saxifragées se lient aux Cactées ; tandis qu'elles se rapprochent des Crassulacées par la déhiscence ventrale bien qu'imparfaite. La déhiscence loculicide appartient aux Francoacées, aux Parnassiées (de même qu'au g. *Drosera*) et à plusieurs Philadelphées.

Hespéridinées (Aurantiacées, Méliacées). Les affinités de ces deux familles ont été senties par tous les auteurs, depuis A.-L. de Jussieu ; elles se trouvent dans la même alliance dans les classifications de Martius, de Meisner, de Lindley et de M. Brongniart .Si plusieurs Méliacées ont une capsule, le *Vavœa* par sa baie se rapproche des Aurantiacées.

Æsculinées (Malpighiacées, Acérinées, Staphyléacées, Hippocastanées, Sapindacées, Mélianthées). Toutes ces familles ont des fruits secs, les deux premières des samares, les Staphyléacées (*Staphylea*) et les Mélianthées des capsules à loges s'ouvrant au sommet par la suture ventrale, enfin les Hippocastanées et plusieurs genres de Sapindacées la déhiscence loculicide. — Les Polygalées, par leur déhiscence loculicide chez les unes, par leur samare chez les autres, se rattachent intimément à cette alliance.

Gutliférinées (Hypéricinées, Ternstræmiacées). Si le fruit est ordinairement indéhiscent ou baccien drupacé dans la seconde famille, il s'ouvre dans quelques-uns de ses genres, comme dans les *Hypericum*, en valves septicides; et d'autre part, le groupe des Vismiées (Hypéricinées) a selon les genres, une baie ou une drupe.

Malvoïdées Brongn. (Tiliacées, Sterculiacées, Byttnériacées, Bombacées, Malvacées). Si avec MM. Bentham et D. Hooker on réunit les Byttnéraciées aux Sterculiacées, les Bombacées aux Malvacées, bien que dans les trois groupes le fruit soit des plus variables, on peut constater entre eux une sorte de parallélisme : Tiliacées, Sterculiacées et Malvacées ont également des fruits secs et des fruits charnus indéhiscents, des coques, des capsules les unes à déhiscence loculicide, les autres septicides.

Géranioïdées (Géraniacées, Balsaminées, Tropæolées, Limnanthées, Linées, Oxalidées, Zygophyllées, Rutacées, Diosmées, Zanthoxylées). Presque toutes ces familles ont des fruits secs, à carpelles, soit distincts ou subdistincts, soit se séparant par déhiscence septicide (Géraniacées, Balsaminées, Linées). Cependant les Zygophyllées offrent, outre cette dernière déhiscence, la loculicide, que l'on retrouve chez les Oxalidées et les Rutacées, deux familles qui ont aussi des fruits charnus : les Zanthoxylées ont à la fois des coques, des drupes et des capsules.

Berbérinées Brongn. (Ménispermées, Lardizabalées, Berbéridées). Rapprochées l'une de l'autre par leurs carpelles distincts et charnus, les deux premières familles se lient encore aux Berbéridées par la consistance du fruit, et les Ménispermés s'en rapprochent en outre par l'unité de carpelles des genres *Cyclea*, *Cissampelos*, *Stephania*.

Magnolinées (Schizandrées, Anonacées, Magnoliacées). Les Schizandrées, par leurs baies indéhiscentes, lient les Berbéridées aux deux autres familles, dont les carpelles, généralement nombreux, varient également par la consistance, par la déhiscence ou l'indéhiscence.

Renonculinées (Renonculacées, Dilléniacées). Ces deux familles ont les plus grands rapports carpologiques, offrant l'une et l'autre des carpelles déhiscents par la suture ventrale et des carpelles indéhiscents, soit secs, soit bacciens.

Nymphéinées (Nymphéacées, Cabombées, Nélumbonées). Des fruits toujours indéhiscents, à carpelles tantôt distincts (Cabombées), tantôt soudés en un fruit charnu pulpeux ou spongieux, caractérisent ce petit groupe que MM. Le Maout et Decaisne considèrent comme une seule famille.

Papavérinées Brongn. (Papavéracées, Fumariacées). Les Sarracéniées, que quelques botanistes font rentrer dans cette alliance, s'éloignent par leur déhiscence loculicide de ces deux familles, offrant l'une et l'autre des fruits indéhiscents et des fruits à déhiscence septicide, siliquiforme aussi bien dans les g. *Glaucium* et *Chelidonium* que dans les g. *Corydalis, Dicentra, Adlumia.*

Cruciférinées (Crucifères, Capparidées, Résédacées). Si les derniers genres cités établissent le passage de l'alliance précédente aux Crucifères, la tribu des Cléomées dans les Capparidées, par son fruit ordinairement siliquiforme, s'y relie non moins étroitement, tandis que celle des Capparées, par son fruit baccien, n'est pas sans rapport avec les Résédacées à fruit charnu du genre *Ochradenus.*

Violinées (Cistinées, Flacourtianées, Violariées). Dans cette alliance toutes les plantes dont le fruit s'ouvre, offrent la déhiscence loculicide, telles les tribus des Violées et des Papayrolées, le Bixa et les Cistinées. Celles des Violariées dont le fruit est baccien se rapprochent sous ce rapport des Flacourtianées à fruit charnu.

Caryophyllinées (Caryophyllées, Paronychiées, Portulacées, Elatinées, Frankéniacées, Tamariscinées). Des fruits secs s'ouvrant par des valves placentifères à la base (déhiscence loculicide) caractérisent les Tamariscinées et les Frankéniacées, ainsi que plusieurs genres de Portulacées ; les Élatinées offrent la déhiscence septicide ; et les Caryophyllées, qui ont ces deux sortes de déhiscence, établissent la liaison de l'une de ces familles aux autres, en même temps que par leurs genres à fruits subindéhiscents (*Drypis* etc.), elles se relient aux Paronychiées vraies.

Oléracées (Amarantacées, Basellées, Phytolaccées, Chénopodées, Nyctaginées, Polygonées). Intimement liées entre elles par l'embryon annulaire, ces familles le sont aussi par la nature du péricarpe qui, exception faite du fruit de quelques Amarantacées, est indéhiscent et monosperme. Les carpelles en petit nombre circonscrivent une seule cavité sauf dans les Phytolaccées.

Daphnoïdées (Laurinées, Thymélées) : grande uniformité de fruit qui, dans les deux familles, est ou baccien ou drupacé ou nucamentacé.

Protéinées (Elæagnées, Protéacées) et *Santalinées* (Loranthacées, Santalacées, Olacinées). Si les Elæagnées tiennent d'une part à l'alliance précédente par leur fruit indéhiscent, elles se rattachent encore aux Protéacées à fruit nucamentacé indéhiscent, tandis que les Protéacées à fruit drupacé se rapprochent sous ce rapport des Loranthacées et des Olacinées. Quant aux Santalacées, elles offrent, comme les Protéacées, des fruits secs et d'autres charnus. Et de même dans l'alliance des *Pipérinées*, si les Pipéracées ont une baie, les Saururées présentent un fruit baccien, tandis que les autres ont des follicules.

Asarinées (Balanophorées, Rafflésiacées, Cytinées, Népenthées, Aristolochiées). La plupart de ces familles ont des péricarpes indéhiscents, charnus (Rafflésiacées, Cytinées, quelques Aristolochiées) ou secs (Balanophorées); des Aristolochiées à déhiscence irrégulière, on passe à celles dont le fruit s'ouvre par des valves, comme dans les Népenthes; seulement la déhiscence est loculicide dans ceux-ci, septicide dans ceux-là.

Croton.nées (Euphorbiacées, Buxées). La déhiscence loculide du fruit chez les Buxinées, a contribué puissamment à ériger cette ancienne tribu en famille, la déhiscence étant septicide chez les Euphorbiacées.

Urticinées (Urticées, Celtidées, Ulmacées), *Plataninées* (Hamamélidées, Balsamifluées, Platanées), *Amentacées* (Salicinées, Juglandées, Cupulifères, Bétulacées, Myricées, Casuarinées). La première de ces alliances a des fruits indéhiscents ou secs (achaines, utricules, nucules, samares) ou charnus, et se lie à la seconde par les Platanées, dont le fruit est un nucule, tandis que celui des Hamamélidées et des Balsamifluées s'ouvre en deux valves; quant à la troisième, si elle offre aussi des fruits à déhiscence loculicide (Salicinées), elle n'en a pas moins, dans toutes les autres familles, des péricarpes indéhiscents, quoique de nature variée.

C. *Quelques résultats de cette classification des familles d'après le nombre des fruits, et de la constitution des alliances.*

I. Corrélation des Monopétales et des Polypétales quant à la nature des fruits.

Endlicher a formé sa XLIIe classe (alliance) *Polycarpicœ* des familles suivantes : Ménispermées, Myristicées, Anonacées, Schizandrées, Magnoliacées, Dilléniacées, Renonculacées, Berbéridées, et l'a caractérisée, au point de vue du pistil, par plusieurs ovaires (rarement un) verticillés ou en épi, libres ou quelquefois soudés. Fallait-il donc admettre que le troisième type, l'ovaire ou péricarpe uniloculaire provenant de la soudure de deux ou plusieurs carpelles bord à bord, manque à toutes les familles de ce groupe? M. Baillon a judicieusement fait remarquer : 1° que les *Monodora*, Anonacées par toutes les autres parties de la fleur, s'en éloignent par leur ovaire uniloculaire, à placentas pariétaux multiples ; 2° qu'il suffit, à l'exemple de M. Miers, d'annexer aux Magnoliacées les Canellacées, dont la placentation est pariétale, pour obtenir dans la première de ces deux familles un représentant des Monodorées, en même temps qu'un nouveau genre de la Nouvelle-Calédonie, le genre *Zypogynum* (fondé sur le *Z. Vieillardi* Baill.), vient doter ces mêmes Magnoliacées du troisième type péricarpien qui leur manquait, du syncarpe pluriloculaire à placentation axile (v. *Adansonia*, t. VII, p. 29).

Ces trois sortes de fruits sont bien plus communs chez certaines familles Monopétales, les Apocynées, par exemple.

II. Fréquence relative des trois sortes de déhiscences normales.

Il semblerait *à priori* que la déhiscence la plus commune dût être la septicide, consistant dans une simple séparation des carpelles ; mais le premier rang , sous ce rapport , appartient à la loculicide , si répandue dans le grand embranchement des Monocotylés, commune encore à beaucoup de familles et à un très-grand nombre de genres de Dicotylédons. La déhiscence septicide occupe le second , et le troisième appartient à la septifrage.

III. Fréquence relative des fruits déhiscents et indéhiscents envisagés quant aux alliances et aux familles.

On vient de voir , par l'énumération des alliances et des familles qu'elles comprennent, les cas où ces deux sortes de groupes sont ou ne sont pas respectivement liés entre eux par le fruit. L'indéhiscence est propre aux Glumacées , aux Palmiers , aux Diospyroïdées , aux Aggregatæ , aux Daphnoïdes , aux Urticinées , aux Nymphéinées , aux Berbérinées.

D'autres alliances ne montrent guère que des fruits secs , les uns déhiscents, les autres indéhiscents : Plataninées, Amentacées , Papavérinées, Renonculinées, OEnothérinées , avec prédominance soit de la déhiscence (Saxifraginées , Æsculinées , Caryophyllinées), soit de l'indéhiscence (Oléracées, Protéinées).

La déhiscence est presque générale dans les Cruciférinées et les Légumineuses.

Quelques alliances offrent à la fois des fruits déhiscents et des fruits charnus (Campanulinées , Asclépiadinées , Rubiacinées , Ombellinées , Célastroïdées, Myrtoïdées , Primulinées , Ericoïdées, Scitaminées, Bromélioïdées, Lirioïdées, Aroïdées, etc.)

IV. Parallélisme au point de vue carpologique de certaines alliances ou familles.

La comparaison des alliances révèle encore , entre certaines d'entre elles , une sorte de *parallélisme* , par exemple entre les Personées et les Solaninées , entre les Plataninées et les Amentacées.

Cette même correspondance se retrouve parfois entre familles

d'une même alliance : Ainsi, entre les Plantaginées et les Primula-
lacées , offrant l'une et l'autre le rare fruit pyxidaire ; entre les
Cestrinées et les Solanées, la première ayant comme la seconde
soit une capsule loculicide (*Vestia*), soit une baie (*Cestrum, Habrothamnus*).

MM. Le Maout et Decaisne , comparant les Cyrillées aux Pittosporées, remarquent que ces deux familles ont également des
fruits capsulaires et des fruits charnus.

Chez les Myrtacées , comme chez les Mélastomacées , on
constate l'existence de baies , de drupes , de capsules loculicides.

A l'occasion des Malvoïdées, j'ai déjà signalé la correspondance
des fruits chez trois des familles de cette alliance , Tiliacées ,
Sterculiacées et Malvacées.

Le parallélisme des Renonculacées avec les Dilléniacées a
aussi été mentionné à propos de l'alliance des Renonculinées.

Adrien de Jussieu a noté le parallélisme presque parfait des
trois tribus des Malpighiacées avec celles des Sapindacées, caractérisées également par un fruit charnu ou par un fruit ailé
avec ailes dorsales ou latérales.

Enfin , M. J.-G. Agardh n'a pas hésité à établir un parallélisme, en se basant surtout sur le fruit, entre quelques familles
monopétales et polypétales : 1° entre les Ményanthées et les
Nymphéacées : « Capsulam Nymphæacearum ut Limnanthemo-
rum putredine tantum aperire dicunt » ; 2° entre les Rhodoracées et les Escalloniées, ces deux familles offrant l'une et l'autre
tous les passages entre la capsule et la baie ; 3° entre les
Ebénacées et les Anonacées ; « Ebenaceæ sunt Annonaceæ ga-
mopetalæ , carpellisque in pistillum unicum confluentibus. »
(*Theoria system. Plant.* , pp. 53 , 110, 128.)

V. Affinités de certaines familles confirmées par la déhiscence.

La déhiscence loculicide prévaut dans les trois plus belles
familles de l'alliance des Lirioïdées, Liliacées, Amaryllidées ,
Iridées, si étroitement unies entre elles , et on la retrouve chez

les Joncées. Elle est encore commune, dans les Dicotylédones, aux Loasées, aux Turnéracées et aux Moringées, familles liées entre elles et se reliant aussi aux Passiflorées, où le même caractère appartient aux genres *Deidamia*, *Tryphostemma*, *Basananthe*, *Paropsia*, *Smeathmannia*. De celles-ci, on passe aux Violariées, aux Cistinées, aux Droséracées, aux Frankéniacées, aux Tamariscinées, aux Malesherbiacées, aux Samydées, qui toutes, ainsi que les genres à fruit sec des Bixinées et des Homalinées, offrent cette même déhiscence.

C'est elle encore qui contribue à rapprocher les Monotropées des Pyrolacées, les Diapensiées des Ericinées.

Un fruit en baie caractérise les Araliacées et les Ampélidées, deux familles d'une affinité incontestable, malgré des différences tranchées dans la position de l'ovaire ; et le même lien unit les Cactées et les Ribésiacées, dont Jussieu ne faisait que deux divisions d'une même famille.

La pyxide des Plantains et des Anagallis dénote-t-elle une affinité entre les Plantaginées et les Primulacées ?

MM. Le Maout et Decaisne, comparant les Cyrillées aux Pittosporées, font remarquer que ces deux familles ont l'une et l'autre un fruit capsulaire ou charnu (*loc. cit.*, 240).

Les Chénopodées ont, comme les Amarantacées, dont elles sont si voisines, des fruits généralement monospermes et indéhiscents ; mais les genres *Hablitzia* et *Lecanocarpus* dans les premières, le genre *Albersia* dans les secondes, ont également une pyxide.

VI. Distinction de deux familles voisines.

La plupart des genres des *Liliacées* ont la déhiscence loculicide, tandis qu'elle est septicide dans la grande majorité de ceux des *Colchicacées*.

M. J.-G. Agardh a écrit : « Helonicæ sunt Veratreæ capsula loculicide aperta, » et encore : « Herrericæ sunt Asparageæ capsulares. » (*Theor. system. Plant.*, pages 4, 27).

Traitant des *Myrsinées*, M. Alph. de Candolle dit : « La seule différence avec les *Primulacées* paraît être dans le fruit indéhiscent (V. *Ann. sc. nat.*, Bot., t. 2, p. 286). » — De même, les *Cédrélacées*, par leur fruit capsulaire, se distinguent des *Aurantiacées*, où cet organe est une hespéridie ; les *Hypéricinées*, des *Guttifères* de la même façon.

Quand les *Rhamnées* ont un fruit déhiscent, il consiste en coques s'ouvrant par la suture ventrale, tandis que celui des *Célastrinées* est ordinairement capsulaire et à déhiscence loculicide. Cette même déhiscence sert, avec quelques autres caractères, à séparer les *Francoacés* des *Saxifragées*.

Les *Araliacées* se distinguent des *Ombellifères* et par le port, et par leur fruit charnu. Le curieux genre *Myodocarpus*, de la Nouvelle-Zélande, récemment décrit et figuré par MM. Brongniart et A. Gris, est arborescent comme les Araliacées, mais il appartient par la disposition quinconciale des pétales et surtout par son fruit sec et bipartile aux Ombellifères.

Les *Sauvagésiées* réunies par quelques botanistes aux *Violariées*, en diffèrent par la capsule à 3 valves séminifères à leurs bords, et non sur leur milieu. Cambessèdes a fait remarquer que les *Elatinées* s'éloignent des *Caryophyllées* par les valves alternes aux cloisons, les Caryophyllées, quand elles en ont, les ayant opposées aux cloisons.

Une des principales différences entre les *Thymélées* et les *Aquilarinées*, c'est que dans la première de ces familles le fruit est indéhiscent, tandis que la seconde, proposée par Rob. Brown et admise par Endlicher et par Lindley, a une capsule s'ouvrant en 2 valves médio-placentifères.

Dans sa *Monographie des Ochnacées et des Simaroubées*, de Candolle s'exprime ainsi, p. 7 : « Les loges sont un peu charnues, et ne s'ouvrent point naturellement dans les *Ochnacées* ; elles sont sèches et peuvent s'ouvrir en 2 valves dans les *Simaroubées*. » Toutefois, à part quelques exceptions (*Eurycoma*, etc.), elles sont généralement indéhiscentes chez les vraies *Simaroubées*, ce qui les distingue surtout des *Rutacées*.

La déhiscence loculicide des *Buxées*, on l'a dit plus haut, a contribué puissamment à les faire considérer par plusieurs botanistes modernes comme une famille distincte de celle des *Euphorbiacées*, dont le fruit s'ouvre généralement en coques. — Ce dernier caractère a servi à éloigner des Euphorbiacées, les Stackousiées, dont le fruit est à 3-5 loges indéhiscentes.

Les *Moringées*, malgré leur ressemblance avec les *Légumineuses*, ont dû en être séparées à cause de leur fruit à 3 placentas pariétaux et à déhiscence loculicide.

M. Brongniart a fait remarquer qu'une capsule loculicide à 4 valves et supère distingue les *Népenthées* des *Cytinées*, où le fruit est indéhiscent.

Les *Balanophorées* s'éloignent par leur fruit sec et coriace des *Rafflésiacées*, où cet organe est charnu.

Parfois le caractère du fruit, pour la distinction de deux familles, sans être absolu, fournit un élément important : ainsi le péricarpe charnu de plusieurs *Lobéliacées* contribue à les séparer des *Campanulacées*.

§ III. — DES FRUITS ET DE LA DÉHISCENCE DANS LES SOUS-FAMILLES, TRIBUS ET SOUS-TRIBUS.

M. J.-G. Agardh établit dans ses *Convallariées* et dans les *Asparagées* deux *sections* basées sur la nature du fruit : d'une part les *Convallariées* et les *Asparagées* vraies à baie, de l'autre les *Uvulariées* et les *Herrériées* à fruit capsulaire. — Le *Tamus* et le *Dioscorea* pourraient donner lieu dans les Dioscorées à une semblable distinction.

On a divisé :

Les *Broméliacées* en : *Sclérocarpées* à fruit sec et capsulaire, et en *Sarcocarpées* dont le fruit est charnu indéhiscent.

Les *Typhacées* en *Sparganiées* (fruit drupacé indéhiscent), et *Typhées* (fruit sec à épicarpe fendu d'un côté).

Les *Plumbaginées* en *Euplumbaginées* à fruit capsulaire, et *Staticées* à fruit utriculaire.

Les *Primulacées* en *Anagallidées* à pyxide, et en *Hottoniées* et *Samolées* à capsule valvicide.

Les *Oléinées* en *Euoléinées* à fruit charnu, et *Fraxinées*, à fruit sec déhiscent ou non.

Les *Epacridées* en *Epacrées*, à fruit capsulaire, et *Styphéliées* à drupe.

C'est d'après la déhiscence qu'on avait séparé les *Rhodoracées* des *Ericinées* ; mais dans la division des *Ericées* la déhiscence loculicide est générale dans la tribu des *Andromédées*, tandis que la tribu des *Arbutées* a une baie.

Les *Verbénacées* ont été divisées tantôt d'abord d'après l'inflorescence, et puis d'après le fruit (A.-L. de Jussieu, Schauer), tantôt d'après le caractère de la germination ou de la non germination des graines dans l'intérieur du péricarpe (Meisner), tantôt d'après le fruit. Endlicher établit les trois divisions suivantes : *Lippiées*, à fruit se séparant à la maturité en plusieurs carpelles, *Lantanées* à drupe, *Ægiphilées* à baie, imité par Meisner, qui crée une quatrième section, mais qui les subordonne toutes les quatre au caractère de la germination.

Plusieurs sous-tribus des Verbénacées empruntent un de leurs caractères à la nature du fruit, drupacé dans les suivantes : *Spielmanniées*, *Monochilées*, *Casséliées*, *Lantanées*, *Durantées* ; sec, coriace, indéhiscent dans les *Pétrées*, *Symphorémées* ; se divisant en quatre parties dans les *Verbénées*, *Caryoptidées*.

La tribu des *Pédalinées* diffère de celle des *Sésamées* par les fruits peu ou point déhiscents.

Les *Bignoniacées* se divisent en *Bignoniées*, à déhiscence marginicide, *Técomées* et *Eccrémocarpées* à déhiscence loculicide, et *Incarvillées*, dont la loge postérieure seule s'ouvre le long de sa ligne médiane.

Les *Cyrtandracées* en *Cyrtandrées*, dont le fruit est charnu indéhiscent, et *Didymocarpées*, dont la capsule s'ouvre longitudinalement.

Les trois tribus admises aujourd'hui dans les *Gesnériacées* offriraient, quant à la nature du fruit, un parfait parallélisme, si, comme dans le *Prodromus regni vegetabilis*, les

g. *Mitraria* (1) et *Picria* étaient rapportées aux *Gesnérées*, les deux autres divisions *Beslériées* et *Cyrtandrées* ayant comme elles des genres à capsule loculicide et d'autres genres à baie.

La famille des *Scrophularinées* avait été d'abord divisée d'après la déhiscence en *Rhinanthacées*, et *Personées*. D'après de nouvelles études, la déhiscence loculicide caractérise les tribus suivantes : *Escobédiées*, *Buchnérées*, *Gérardiées*, *Euphrasiées*, tandis que la tribu des *Antirrhinées* se distingue par la déhiscence poricide.

Dans les *Solanées*, une pyxide est propre à la tribu des *Hyoscyamées* (*Hyoscyamus*, *Anisodus*, *Scopolia*) ; une capsule septicide aux *Nicotianées* (*Fabiana*, *Nierembergia*, *Petunia*) ; une baie à presque toutes les Solanées vraies.

Les *Hydroléacées* ont été divisées en *Nameœ* à capsule loculicide, et *Hydroleœ*, tribu ainsi caractérisée : *Capsula marginicida*, *dissepimentum unicum liberum medio placentas duas fongosas gerens.*

Les *Apocynées* en *Carissées* à fruit baccien, *Ophioxylées* à drupes, *Allamandées*, à capsule bivalve, et *Euapocynées* à follicules quelquefois charnus.

Les *Rubiacées* en celles dont le fruit est mono-disperme indéhiscent, et les *Cinchonacées* à loges polyspermes et déhiscentes.

Les *Convolvulacées* en *Convolvulées*, à capsule variable, mais ne s'ouvrant pas par un couvercle, quelquefois à fruit en baie, et *Cuscutées*, à déhiscence pyxidaire.

Sur les douze tribus des *Loganiacées* admises dans le *Prodromus* de de Candolle, la huitième et la neuvième sont en partie caractérisées par une capsule septicide, la dixième et la douzième par une baie.

M. Alph. de Candolle a divisé la famille des *Campanulacées* en deux sous-tribus, selon que la capsule s'ouvre au sommet ou latéralement. (*Monogr. des Campan.*, p. 98 et suiv.) ; et dans cette famille le caractère de déhiscence se lie à certains égards avec la distribution géographique des groupes : « Les Campanulacées chez lesquelles la capsule s'ouvre par la base ou par

_____

(1) Aujourd'hui compris dans les *Beslériées*.

les côtés, habitent les régions tempérées de l'ancien continent. Les Campanulacées dont la déhiscence s'opère par le sommet, sont rares dans l'hémisphère boréal; elles se rencontrent plus fréquemment dans l'hémisphère austral, au-delà du Capricorne, et surtout au Cap de Bonne-Espérance, dans l'Australie et l'Amérique méridionale (Le Maout et Decaisne, *Traité général de Botanique*, p. 152). »

M. Alph. de Candolle a réparti les *Lobéliacées* en quatre tribus : les *Délisséacées* à fruit indéhiscent, les *Lysipomées* à pyxide, les *Clintoniées* et les *Lobéliées* à capsule s'ouvrant en 3 valves dans les premières, en 2 valves ou par 2 pores dans les secondes.

Dans les *Ombellifères*, la graine se confond avec le péricarpe ; les divisions primaires, sous-familles, ont été basées soit sur l'inflorescence (imparfaite ou sertule, parfaite ou ombelle composée), soit sur le fruit *(Orthospermées et Campylospermées* de de Candolle, avec ou sans *Cœlospermées)*, soit sur la réunion de ces deux sortes de caractères *(Hétérosciadiées, Haplozygiées, Diplozygiées* de MM. Bentham et Hooker). La forme du fruit et les caractères empruntés à ses cotes, à ses bandelettes, ont servi à l'établissement des tribus et des sous-tribus.

Les *Célastrinées* ont été divisées en deux tribus, celle des *Evonymées* à capsule ordinairement déhiscente et loculicide (sauf 3-4 genres), et celle des *Elœodendrées* à fruit indéhiscent.

Les *Rosacées* ont ou des achaines *(Rosées, Sanguisorbées, Dryadées)*, ou des follicules (Spiréacées) ou une capsule dont les 10 carpelles s'ouvrent par la suture ventrale *(Neuradées)*.

Si la famille des *Myrtacées* est remarquable par la variété de ses fruits, quatre de ses grandes divisions sont caractérisées chacune par un type carpologique différent : *Pyxide* dans la plupart des genres des *Lécythidées (Couratari, Lecythis, Bertholletia);* baie dans les *Myrtées (Myrtus, Psidium, Caryophyllus)*, et les *Barringtoniées* ; fruit sec indéhiscent dans les *Chamœlauciées*, caractère qui se retrouve dans quelques genres des *Leptospermées (Beaufortia, Schizopleura, Conothamnus)* ; mais ce dernier groupe est moins homogène que les autres, puisqu'un grand nombre de genres y montrent la déhiscence loculicide *(Tristania, Calothamnus, Leptospermum, Fabricia, Bœckea,* etc.), tandis qu'elle est septicide dans le *Lamarchea).*

M. Triana, dans ses récentes études sur les *Mélastomacées,* divise les Mélastomacées proprement dites en deux grandes catégories, suivant qu'elles ont un fruit indéhiscent ou capsulaire.

M. Naudin avait aussi scindé le premier sous-ordre des *Mélastomacées* en *Microliciales* à fruit capsulaire, et en *Lasiandrales* à capsule ou baie.

Dans le groupe des *Saxifragées* on voit le fruit s'ouvrir par le haut dans la tribu des *Saxifragées* et dans celle des *Hydrangées,* par le bas dans celles des *Escalloniées.*

Les deux tribus des *Méliacées* offrent une sorte de parallélisme dans leurs fruits, ayant l'une et l'autre des genres à capsule loculicide et des fruits charnus indéhiscents, drupes dans la tribu des *Méliées,* baies dans celle des *Trichiliées.*

Les tribus des *Malpighiacées* ont des fruits variables, à part celle des *Hiréees,* chez laquelle on ne trouve que des samares. Cependant, Adr. de Jussieu a divisé tous les genres à fruit ailé de cette famille en deux groupes, *Notoptérygiées* et *Pleuroptérygiées,* ces dernières ayant les ailes latérales plus longues que la dorsale.

Dans la famille des *Camelliacées,* la tribu des Bonnétiées, admise par MM. Bentham et D. Hooker, par MM. Le Maout et Decaisne, se distingue par sa déhiscence septicide générale aux sept genres qu'elle comprend ; et des cinq tribus admises par MM. Bentham et Hooker dans celle des Guttifères, l'une, celle des *Clusiées,* a la déhiscence septicide, tandis qu'une baie indéhiscente est un caractère commun à celles des *Monobées, Garciniées* et *Quinées.*

On divise les *Hypéricinées* en *Hypéricées* à capsule septicide, *Cratoxylées* à capsule loculicide et parfois septicide, *Vismiées* à fruit charnu indéhiscent.

Dans les *Sterculiacées,* envisagées dans la vaste acception que leur donnent MM. Bentham et J.-D. Hooker d'une part, Le Maout et Decaisne de l'autre, une capsule loculicide est générale dans les tribus des *Eriolœnées* et des *Dombeyées*.

Chez les *Malvacées*, les *Hibiscées* ont une capsule loculicide.

Les *Simaroubées* se partagent en *Eusimaroubées* à éléments carpiques distincts, et *Picramniées*, ayant presque toutes pour fruit une drupe ou une baie.

Plusieurs auteurs font reposer le principal caractère des tribus des *Renonculacées* sur la déhiscence du fruit.

C'est aussi d'après la déhiscence qu'on avait séparé les *Violariées* en *Violées* et *Papayrolées* à capsule loculicide, tandis que les genres *Melicytus*, *Hymenanthera*, *Leonia*, *Tetrathylacium* ont un fruit baccien.

Quelle est la valeur relative du péricarpe et de la graine dans l'établissement des divisions primaires des *Crucifères*? Faut il, avec de Candolle, Endlicher, Lindley, accorder le premier rang à l'embryon, ou avec Linné, Koch, MM. Chatin, Grenier et Godron, Bentham et D. Hooker, Le Maout et Decaisne, faire prédominer les caractères du péricarpe? Les objections faites à la classification de de Candolle (en particulier par Maly) semblent devoir trancher la question. Avec les deux auteurs anglais, on peut admettre cinq séries basées sur la silique et subdivisées en tribus reposant soit sur la silique et les cotylédons *(Arabidées, Alyssinées, Sisymbriées, Camélinées, Brassicées)*, soit sur les cotylédons *(Lépidinées, Thlaspidées)*, soit sur la silique seule *(Isatidées, Cakilinées, Raphanées)*. Ou bien, divisant les Crucifères en *siliqueuses* et *siliculeuses*, scinder les premières en *Arabidées*, *Sisymbriées*, *Brassicées* que terminent les genres anormaux *Raphanus*, *Chorispora*, *Erucaria*, *Heliophila*, les secondes en *latiseptées* (subdivisées suivant qu'elles ont les cotylédons plans : *Alyssinées*, ou non), et *angustiseptées* (subdivisées de même d'après les cotylédons en *Succoviées* et *Ibéridées*), que terminent les genres à fruit articulé : *Senebiera*, *Cakile*, *Rapistrum*, *Crambe*, *Enarthrocorpus*.

Quoi qu'il en soit, dans les *Crucifères* le fruit est indéhiscent dans la tribu des *Isatidées* et dans plusieurs genres de celle des

Raphanées, où l'on voit cependant dans quelques-uns les loges monospermes se séparer à la maturité ; déhiscent ou indéhiscent quant à l'article inférieur, le supérieur restant toujours fermé chez les *Cakilinées*, déhiscent dans la plupart des autres, mais quelquefois tardivement (*Carrichtera, Vella, Succovia*).

Les *Capparidées* se distinguent en *Cléomées* à fruit capsulaire, et *Capparées* à fruit charnu indéhiscent.

Les *Portulacées* en *Sésuviées*, à pyxide, et *Aizoïdées* à capsule loculicide (Le Maout et Decaisne).

Dans les *Amarantacées*, tribu des *Achyranthées*, la sous-tribu des *Ærvées* a pour fruit un utricule indéhiscent.

Les *Phytolaccées* offrent un achaine dans la tribu des *Séguié- riées*, un fruit nuculaire ou une baie se desséchant dans les *Rivinées*, un achaine chartacé dans les *Microtées*, un fruit poly- carpellé dans les Giesekiées.

Faut-il avec MM. Le Maout et Decaisne comprendre le genre *Tersonia* dans la tribu des *Gyrostémonées* (famille des Phytolac- cées), ou avec Moquin-Tandon, former de ce genre une tribu, à cause de ses carpelles indéhiscents, tandis que dans les Gyrostémonées les carpelles, après s'être détachés, s'ouvrent longitudinalement, soit par le dos (*Didymotheca* et *Cyclotheca*), soit par le sommet de l'angle central qui s'étale en lune (*Codo- nocarpus*)?

Les *Thymélées* se divisent en *Daphnées* ou *Thymélées* proprement dites, à fruit monosperme indéhiscent, et *Aquilarinées* à capsule loculicide (*Aquilaria, Gyrinops*), sauf dans le genre *Leucosmia*, dont le fruit est une drupe.

Les *Protéacées* en *Nucamentacées*, dont le fruit est indéhiscent, et *Folliculaires*.

Les *Aristolochiées* en *Asarées*, dont la capsule s'ouvre irrégu- lièrement, *Bragantiées* où, siliquiforme, elle s'ouvre en quatre valves, et *Aristoloches* où, étant à six valves, elle s'ouvre à la base et au sommet.

§ IV. — DES FRUITS ET DE LA DÉHISCENCE DANS LES GENRES.

A. *Genres exceptionnels dans leur famille ou dans leur tribu , au point de vue de la déhiscence , et place de tel ou tel genre dans telle ou telle famille.*

1. Adrien de Jussieu a qualifié d'*excellent* le caractère distinc-tif des Diosmées, la séparation de l'endocarpe du sarcocarpe (*Mém. sur les Rutac.*, p. 20); et à la suite de ce savant, tous les phytographes ont inscrit le g. *Correa* dans le groupe des Dios-mées australiennes. Mais Vaucher écrit : « Les semences du *Correa* ne sont pas entourées d'un péricarpe élastique et bivalve, et par conséquent le *Correa* appartient à la tribu des Rutées et non à celle des Diosmées (*loc. cit.*). »

L'*Anisadeina* diffère des autres Linées par sa capsule indé-hiscente , membraneuse ; et dans la famille si naturelle des Crassulacées, les g. *Diamorpha* et *Penthorum* s'éloignent de tous les autres , le premier par ses capsules s'ouvrant par la suture extérieure, le second par ses carpelles à déhiscence transver-sale. De même dans les Anonacées à fruits ordinairement indé-hiscents se trouve l'*Anaxagorea* qui a de véritables follicules.

L'indéhiscence est un des caractères essentiels du fruit des Diptérocarpées (*Dipterocarpus, Ancistrocladus, Anisoptera , Pa-chynocarpus, Shorea , Hopea, Doona , Monoporandia*), en défaut dans le seul genre *Dryobalanops*, dont la capsule s'ouvre en trois valves.

La famille des Guttifères nous offre , dans la tribu des Calo-phyllées, un fruit drupacé indéhiscent , à l'exception du genre *Mesua*, où ce fruit s'ouvre tardivement en quatre valves.

On pourrait étendre et de beaucoup cette liste.

2. MM. Bentham et D. Hooker placent le g. *Tetradiclis* Stev. dans les Rutacées tribu des Rutées , malgré sa déhiscence locu-licide (*Genera* t. 1, p. 288). MM. Le Maout et Decaisne se basant sur cette déhiscence, sur la nature des graines et sur le nombre

des parties de la fleur , considèrent ce genre comme beaucoup plus voisin des Elatinées (*l. c.*, p. 436). Ces quatre savants n'ont pas cru le caractère d'une déhiscence loculicide suffisant pour éloigner des Rutacées le g. *Peganum* rapporté aux Zanthoxylées par Colla, aux Zygophyllées par Lindley, Payer et M. Brongniart.

Le g. *Crypteronia*, apétale, est réuni par la plupart des botanistes et par MM. Bentham et Hooker aux Lythrariées, bien que les étamines occupent dans sa fleur la place des pétales ; MM. Le Maout et Decaisne le mettent dans les Saxifragées, tribu des Cunoniées, et M. Alph. de Candolle (*Prodr.*, t. xvi , p. 678), en fait une famille distincte. La déhiscence loculicide éloigne ce genre des Saxifragées.

La place du g. *Tozzia* , auquel Gærtner assignait pour fruit un nucule , est restée longtemps incertaine , balloté tour à tour des Verbénacées (où le mettait Adanson) , aux Primulacées (B. de Jussieu) , rangé à la suite de celles-ci (A.-L. de Jussieu), confondu dans les *Incertæ sedis* par Ventenat, reconnu Rhinanthacée et à bon droit par de Candolle.

L'*Amethystea cœrulea*, rapporté jusqu'ici par la plupart des auteurs aux Labiées, a été annexé par M. Bocquillon aux Verbénacées, en raison de la soudure complète des carpelles.

C'est à cause de sa déhiscence loculicide, que le g. *Oldfieldia* de MM. Bentham et Hooker, et rapporté par ces auteurs aux Euphorbiacées, a été attribué par M. Mueller aux Sapindacées (v. *Prodr. regn. veget.*, t. xv, 1259).

C'est en vertu de cette même déhiscence que la position du g. *Narthecium* est restée si longtemps incertaine, puisqu'il est mis d'un côté par Endlicher (*Genera*, n° 1050), par Lindley (*Veg. Kingd.*, p. 192), par Nees d'Esenbeck (*Genera*), et par Kunth (*Enum. plant.*, t. iii , p. 362), dans les Joncées, mais avec cette restriction de la part de ce dernier phytographe : « Colchicaceis affinius ? » et celle-ci de la part de Nees : « An propriæ familiæ typus? » D'un autre côté, par MM. Grenier et Godron (*Flore de France*, t. iii , p. 173) , et plus récemment par M. Buchenau dans les Colchicacées. Mais le *Narthecium* a paru à M. J.-G. Agardh devoir former, en compagnie des g. *Tofieldia* et *Pleea* une famille distincte, celle des Abaminées. A leur tour ,

MM. Le Maout et Decaisne l'ont rapproché des g. *Abama*, *Dasy-
lirion*, *Sowerbœa*, *Aphyllanthes*, *Xerotes*, *Xanthorrhœa*, *Kingia*,
Caledonia, dont la réunion constitue la famille des Xérotidées.

Du Petit-Thouars, donnant pour fruit une baie à son genre
Bonamia, l'avait placé dans les Borraginées avec cette indica-
tion : « Convolvulis affinior. » Choisy et Endlicher reconnais-
sant qu'il a une capsule biloculaire, n'ont pas hésité à le rapporter aux Convolvulacées. Mais, à l'exemple de l'auteur des
Plantes d'Afrique, on a laissé dans les Asclépiadées le *Plectaneia*
Thou., bien que le créateur de ce genre eût écrit : « *Fructus sin-
gularis Bignoniæ*. »

M. Baillon n'a pas hésité à réunir aux Euphorbiacées le g.
Callitriche, dont le fruit, comme la plupart de ceux de cette
famille, se sépare en coques.

B. *Valeur de la déhiscence dans la constitution des genres.*

1. C'est sur le fruit que sont basés les genres des familles
suivantes : Amygdalées, Pomacées, Ombellifères, Crucifères,
Légumineuses, Juglandées, Hippocastanées, Pédalinées, etc.

Dans cette dernière famille, d'après M. Decaisne, le fruit est
à rostre (*Proboscidea*), subérostre (*Craniolaria*), muni de harpons
(*Harpagophytum*), à 2-4 pointes basilaires (*Pedalium*), rond,
verruqueux, spinuleux (*Josephinia*), déprimé avec des tuber-
cules ou pointes au milieu (*Pretrea*), comprimé et à 4 ailes
(*Pterodiscus*).

M. Cambessèdes a écrit des Sapindacées : « Souvent deux genres extrêmement voisins ne diffèrent que par la nature du fruit,
et il devient presque impossible de les distinguer lorsqu'on ne
peut observer que des fleurs mâles. » (in Saint-Hilaire, *Flora
Brasil. merid.*, p. 395).

Un certain nombre de genres, principalement caractérisés
par le fruit, ont été créés aux dépens d'autres genres et adoptés
par la pluralité des botanistes. Ils méritent de l'être, comme
c'est le cas pour les suivants, quand aux différences carpologiques s'ajoutent d'autres signes tirés des organes, soit végétatifs,

soit floraux : couleur des fleurs, inflorescence, durée, port, etc.
Rœmeria, *Meconopsis*, *Glaucium*, *Muschia*, *Specularia*, *Valerianella*, *Centranthus*, *Calluna*, *Erodium*, *Melilotus*, *Ero hu.*, etc.

On reconnaîtra la validité : 1° du genre *Chymocarpus* D. Don.,
créé aux dépens du *Tropœolum pentaphyllum*, à ce double caractère d'avoir pour fruit une baie noire, et un calice à préfloraison valvaire. — 2° Du g. *Mandragora*, distinct du g. *Atropa*,
non-seulement par sa baie uniloculaire, mais encore par le port
et la forme des enveloppes florales.

2. Il est des genres au sujet desquels le sentiment des botanistes varie, par exemple : *Stachytarpheta* tour à tour adopté et
rejeté, récemment admis par M. Bocquillon.

Erobatos Spach (pour *Nigella damascena*), fruit s'ouvrant en
5 fentes rayonnantes et partageant en deux moitiés la base des
styles et le sommet des 5 lobes de la capsule.

Rutaria Medik., *Desmophyllum* Webb (pour *Ruta pinnata*),
distinct par son fruit charnu, indéhiscent, admis à titre de sous-
genre par Endlicher, réintégré dans le genre *Ruta* par MM. Bentham et D. Hooker.

Quant aux genres *Cimicifuga*, *Androsœmum*, MM. Bentham
et Hooker écrivent du premier : « *Genus non nisi carpellis dehiscentibus ab* Actæa *distinctum* », et n'hésitent pas à faire
rentrer le second dans le g. *Hypericum ;* de même, ils rapportent au g. *Ammannia* à fruit s'ouvrant par des valves, le
Cryptotheca Blum. (adopté par de Candolle et Endlicher), à fleurs
pédicellées et à fruit irrégulièrement pyxidaire ; au g. *Bergia* à
déhiscence septifrage, le *Merimea* à déhiscence franchement
septicide ; au g. *Corydalis*, le *Sophorocapnos* Turcz., distinct par
sa capsule subcloisonnée et resserrée entre les graines ; au genre
Hypecoum, le *Chiazospermum erectum* Bernh., dont le fruit, au
lieu de s'ouvrir en deux valves, est composé d'articles qui se
détachent ;

Que de variations encore à propos des genres *Lotus* et *Tetragonolobus*, *Crepis* et *Barkhausia*, *Alliaria* et *Sisymbrium*, *Capsella* et *Thlapsi*, etc. tel phytographe étant surtout frappé des
différences qui séparent les espèces les mieux caractérisées dans

chacun de ces doubles types, tel autre des ressemblances ou des espèces intermédiaires. Faut-il rappeler le *Lotus hirsutus* L., inscrit tour à tour comme *Lotus* et comme *Dorycnium hirsutum*, le *Crepis hispida* figurant ailleurs sous le nom de *Barkhausia setosa*, les *Trigonella pinnatifida* et *monantha*, rapportés par Trautvetter au g. *Medicago*, le *Trigonella brachycarpa* à ce dernier genre, par Fischer et Bieberstein, au g. *Melilotus*, par Fischer, le *Trigonella hybrida* Pourr. au g. *Medicago*, par M. Noulet, le *Medicago Lupulina* au g. *Melilotus*, ou élevé au rang de genre (*Lupulina aurata* Noul.)

J'ai discuté plus haut la valeur du péricarpe pour la formation des tribus des Crucifères ; la même question se reproduit pour les genres. R. Brown introduisit le premier dans la diagnose de ceux-ci les caractères de l'embryon (*Hort. Kew.*, 2ᵉ édit.), innovation dont ne tinrent compte ni Desvaux ni A.-L. de Jussieu, et qui fut même condamnée par ce dernier. La graine est la dernière production de la plante ; autant il serait peu pratique d'établir uniquement les genres sur les caractères de l'embryon, autant l'investigation de cet organe peut être utile, soit pour confirmer ou infirmer certains rapprochements d'espèces, soit pour déterminer la place d'une espèce douteuse. Ainsi quand Scopoli faisait du *Camelina sativa* Crantz un *Alyssum*, Cavanilles un *Cochlearia*, ces deux auteurs jugeaient moins bien que Linné, rapportant l'espèce au g. *Myagrum* notorhizé comme elle, tandis que les g. *Alyssum* et *Cochlearia* sont pleurorhizés. De même le *Myagrum paniculatum*, notorizé, (*Neslia*, Desv.) était devenu à tort un *Alyssum* (Willdenow), un *Nasturtium* (Crantz), deux genres pleurorhizés, un *Crambe* (Allioni), g. orthoplocé, un *Bunias* (l'Héritier) g. spirolobé. Ai-je à décider la place générique du *Sisymbrium arenosum* L., D.C. (tenu pour *Arabis* par Scopoli, Grenier et Godron) ou de l'*Arabis Thaliana* L., Gr. et God., Lloyd (*Sisymbrium* Gay)? Comme par tous leurs caractères, la silique comprise, ces deux espèces peuvent se rapporter aussi bien au g. *Arabis*, qu'au g. *Sisymbrium*, j'ai recours au criterium fourni par l'embryon.

Dans le g. *Thlaspi*, l'espèce la plus commune T. *Bursa-pas-*

4

iris L., est élevée au rang de genre par Mœnch, uniquement d'après la forme triangulaire et sans aile de sa capsule : cette opinion est adoptée par de Candolle, qui croit les cotylédons du *Capsella* accombants, comme ceux du g. *Thlaspi*, et qui laissse ces genres tout près l'un de l'autre. L'observation démontre que les cotylédons du *Capsella* sont incombants ; j'y vois un argument de plus en faveur de la validité de ce genre. Mais si, contrairement à M. Godron, je ne crois pas devoir laisser la bourse à pasteur dans le g. *Thlaspi*, même comme section de genre, je me garderai d'imiter MM. Bentham et Hooker, qui séparent ces deux genres par toute une série d'autres genres appartenant aux tribus des Lépidinées et des Thlaspidées (*loc. cit.*). Les mêmes considérations sont applicables au g. *Æthionema*. Ainsi la forme et la structure intime de la capsule me paraissent devoir fournir dans la famille des Crucifères les caractères des tribus et des genres, à la condition de les contrôler par les signes tirés de la graine (1).

Dans les Ombellifères aussi les genres sont fondés sur le fruit ou les stylopodes ; il en est bien peu qui, rapprochés l'un de l'autre ou les uns des autres par la nature du fruit, empruntent leurs caractères distinctifs à d'autres parties. Je relève dans le *Genera* de MM. Bentham et Hooker d'abord : *Eryngium, Alepidea, Arctopus* ; puis *Polytenia, Opopanax* ; puis *Lecokia, Hippomarathrum* ; puis *Schultzia, Bonannia, Polyzygus, Trochiscanthes*. Mais encore ici le fruit n'a de valeur absolue que s'il respecte et traduit les affinités exprimées par tous les autres organes. Mérat blâmait la réunion dans le même genre de l'*Anthriscus sylvestris* à fruit glabre et de l'*Anthriscus vulgaris* dont le fruit est velu. L'indivision du carpophore a contribué à séparer l'*Apium* du *Petroselinum*.

Les ailes du fruit ont été prises en grande considération par les botanistes et en particulier par Adrien de Jussieu pour la distinction des genres ou des espèces des Malpighiacées, suivant

---

(1) J'ai cru inutile de discuter la validité d'un certain nombre de genres *Alliaria Hirschfeldia, Conringia*, au sujet desquels les appréciations varieront toujours suivant le point de vue auquel se placera le phytographe.

qu'ils ont une dorsale seule (*Heteropterys*, *Acridiocarpus*) une dorsale et deux petites latérales (*Peixotoa*, *Heteropterys coleoptera*), ou toutes les ailes égales (*Hiræa argentea*).

Faut-il rappeler encore que dans les Caryophyllées et en particulier dans les Alsinées, les caractères des genres reposent principalement sur le nombre des styles et des valves du fruit? on compte ou 3 de celles-ci (*Alsine*, *Cherleria*, s'ouvrant tardivement *Spergularia*), ou 4 (*Sagina*), ou 5 (*Spergula*), ou 6 (*Arenaria*, *Holosteum*), ou 8-10 (*Mœnchia*, *Cerastium*); et dans les Portulacées, le *Calyptridium* Nutt. ne s'éloigne des g. *Calandrinia* et *Claytonia* dont il a la corolle et le port, que par sa capsule à deux valves, tandis que la déhiscence des deux autres s'opère par trois panneaux.

Quant aux Silénées, à M. Fenzl qui les divisait d'après les caractères de la graine, succéda M. Fries qui prit pour base de sa classification la capsule, selon qu'elle est ou largement déhiscente, ou que s'ouvrant par des dents, celles-ci sont en même nombre que les styles ou en nombre double. M. Al. Braun a observé que dans le premier de ces deux cas la déhiscence est ou loculicide (*Viscaria*), ou septicide (*Lychnis*, *Coronaria*).

Dès 1844, M. Godron faisait très-judicieusement remarquer que, dans l'établissement des genres de la famille des Graminées on avait jusqu'alors négligé la forme du fruit; ce savant a cru, avec d'autant plus de raison, devoir accorder une certaine importance à ce caractère, que les diverses modifications des caryopses des Graminées, coïncident avec les autres caractères distinctifs, comme en témoigne le tableau des tribus et des genres, tracé à la p. 433 et suiv. du t. III de la *Flore de France*, de MM. Grenier et Godron.

C'est surtout par la déhiscence de la capsule que se distinguent les genres de la tribu des Antirrhinées, caractérisée elle-même par sa déhiscence au moyen de valvules; que la capsule se rompe au-dessus du sommet soit irrégulièrement (*Lophospermum*, *Rhodochiton*, *Galvesia*), soit par trois pores rarement deux (*Antirrhinum*), soit par 4-10 dents ou deux opercules (*Linaria*), au sommet soit par 10 dents (*Maurandia*), soit par deux valvules ou une seule (*Anarrhinum*).

C'est par sa déhiscence septicide que le g. *Dubouzetia* Panch.
se distingue surtout du g. *Tricuspidaria*. C'est aussi à bon
droit qu'on a séparé le *Vahea*, dont le fruit est une baie, de
l'*Echites* qui a deux follicules, bien que Jussieu eut réuni ces
deux genres.

M. Spach a distrait des autres Hypéricinées le g. *Tridesmis*
à cause de sa capsule loculicide et à trois valves bifides au
sommet, tandis que les g. *Brathys*, *Norysea*, *Elodea*, *Hyperi-cum*, tous à capsule septicide, se distinguent les uns des autres
par le nombre des loges et quelques autres caractères.

3. *Genres à deux sortes de déhiscences :* On n'a pas hésité, et
avec raison, à conserver dans leur intégrité des genres à deux
sortes de déhiscences; tels : *Stevensia* (Rubiacée) et *Marianthus*
(Pittosporée), à déhiscence septicide et loculicide; *Aristolochia*
à déhiscence septicide dans la plupart des espèces, septifrage
dans les *A. pentandra* et *fœtida*.

4. *Genres à fruits déhiscents et indéhiscents :* *Triumfetta* (Tilia-cée), *Callirhoe* et *Malachra* (Malvacées), *Curatella* (Dilléniacée),
Talauma (Magnoliacée), *Xylopia* et *Cymbotium* (Anonacées),
Modecca (Passiflorée), *Cassia* (Légumineuse), *Albizzia* (1)
(Mimosée). Le *Galenia* a une capsule tantôt biloculaire s'ou-vrant le long des angles et tantôt par avortement uniloculaire
et indéhiscente.

En présence de ces exemples, qu'on aurait pu multiplier,
y a-t-il lieu de scinder le g. *Adesmia* en deux groupes d'après l'ou-verture ou l'indéhiscence du fruit, de séparer du g. *Genista*,
le g. *Bœlia* Webb à fruit totalement indéhiscent; de conserver,
avec de Candolle, Wight et Arnott, le g. *Lebretonia* Schrank,
à coques indéhiscentes, ou, à l'exemple de MM. Bentham et
Hooker, de le réunir au g. *Pavonia?* En vertu du principe lin-néen : *character non facit genus*, la réponse sera affirmative ou
négative, suivant qu'au caractère floral se joindront ou non
d'autres caractères.

(1) Déhiscent dans les *Albizzia elliptica*, *myriophylla*, indéhiscent dans les
A. stericocephala, *affinis*.

5. *Genres offrant à la fois un fruit indéhiscent et à deux sortes de déhiscence* (septicide et loculicide) : *Zygophyllum* , *Hedyotis*.

6. *Genres à deux sortes de fruits indéhiscents* : Le g. *Leucadendron* (Protéacée:) a des noix et des samares ; le g. *Medicago* des fruits en rein ou en faux et en spirale.

7. *Genres à fruits monospermes et polyspermes* : Faut-il , avec MM. Bentham et Hooker, réunir au g. *Stellaria* , à titre de subdivisions , les g. *Adenonema* Bung. et *Schizothechium* Fenzl , malgré leur capsule monosperme? au g. *Indigofera* polysperme, les g. *Acanthonotus, Sphæridiophora* monospermes ? Le g. *Unisema* Rafin., à utricule monosperme , doit-il être séparé du g. *Pontederia* à déhiscence loculicide ou rapporté à ce dernier à titre de sous-genre , comme le fait Endlicher?

On s'accorde à laisser dans le g. *Dorycnium* à fruit polysperme et déhiscent , le *D. suffruticosum* monosperme et indéhiscent; et on n'a jamais songé à séparer soit du g. *Mélilot* à fruit à une graine et indéhiscent , le *M. officinal* dont le légume disperme s'ouvre pour la dissémination , soit du g. *Trèfle* , qui est dans le même cas , le *T. strié* , dont le fruit, à deux semences , s'ouvre parfois à la maturité.

C. *Valeur du fruit pour déterminer la place d'une espèce dans tel ou tel genre.*

Au g. *Anagallis* a été rapporté , à cause de sa déhiscence pyxidaire , l'*A. tenella* rangé par Linné dans le g. *Lysimachia*. Adrien de Jussieu inscrit avec doute dans le g. *Banisteria* le *B. anisandra*, ajoutant : « Cette espèce, par son jeune fruit et ses styles, appartient au genre *Banisteria* ; par l'appareil de ses étamines au *Stigmaphyllon* ; par son inflorescence à l'*Heteropteris* ou mieux encore à l'*Hiræa*. «(*Flora Brasil. mérid.* t. iii, p 47.)»

Les quelques règles suivantes me semblent découler des considérations précédentes ou les compléter.

1° *De légères différences dans le fruit n'autorisent pas le démembrement d'un genre.* Hooker dit à bon droit du *Sabicea cana* (*Icon.* ad tab. ccxlvii) : « C'est, je pense, une véritable espèce de *Sabicea*, quoique le fruit puisse être à peine considéré comme une baie, mais plutôt comme une capsule subsèche, coriace, indéhiscente. » Le g. *Escallonia* offre aussi des capsules soit parfaitement sèches (*E. floribunda*), soit un peu charnues (*E. farinacea*).

2° On ne scindera pas non plus un genre dont les espèces, ayant le même *facies* et une grande ressemblance dans la plupart des caractères floraux, offriront cependant des variations dans le mode de déhiscence : tel le g. *Trigonella*, dont le légume s'ouvre soit par la suture supérieure (*T. Fœnum-græcum*), soit en deux valves (*T. spinosa*), soit par les nervures à la destruction du fruit (*T. calliceras*). Tel encore le g. *Utricularia* auquel M. Spach attribue une pyxide, M. Alphonse de Candolle une capsule à déhiscence variable et irrégulière, ce dernier savant décrivant néanmoins les *U. arenaria* et *Gomezii* comme ayant un fruit s'ouvrant en deux valves. « *Si flores conveniunt, fructus autem differunt, cæteris paribus, conjungenda sunt genera* (Linné, *Philos. bot.*) »

3° Une différence essentielle ou physique dans le fruit autorisera la création d'un genre. Ainsi, bien que le g. *Gomphocarpus* ait les plus grands rapports avec le g. *Asclepias* et que ces deux genres, soient, selon la juste remarque de M. Decaisne, à tous égards parallèles ; cependant les carpelles, souvent solitaires, plus ou moins vésiculeux, dressés sur un pédicelle réfléchi, semblent justifier la séparation des *Gomphocarpus*. De même le *Reseda sesamoïdes* L., a constitué avec une autre espèce le g. *Astrocarpus*, ne différant guère du g. *Reseda* que par 4-6 carpelles distincts monospermes. La découverte d'un genre de Légumineuses à carpelles au nombre de deux à six (*Affonsea*), alors que tous les autres genres n'ont qu'un seul légume, autorisait, nécessitait même la création d'un genre. Celle du g. *Plumbagella* Spach pour le *Plumbago micrantha* L., paraît justifiée par cette double considération que cette espèce diffère de toutes les autres, non seulement par le port, par quelques caractères floraux, et par sa durée annuelle, mais aussi parce que sa capsule se soulève au milieu et non près de la base du fruit. On admettra le g. *Scopolia* (*Hyoscyami* spec. L. *Atropæ* spec. Scop.) différant des Jusquiames par le port, la forme du calice, de la corolle et de la capsule à opercule uniloculaire, distinct de l'*Atropa* par la déhiscence du fruit. Mais un opercule quadrivalve et un calice inégalement quinquefide autorisent-ils la séparation du g. *Anisodus* Link? Pour celle du *Calystegia*, d'avec le *Convolvulus*, le caractère d'une capsule uniloculaire est confirmé par cet autre : deux grandes bractées appliquées sur le calice; pour celle de l'*Anarrhinum* d'avec l'*Antirrhinum* on s'appuie à la fois et sur la corolle ouverte et sur la capsule ne s'ouvrant que très-tard soit par deux valvules soit et plus souvent par une seule ; pour celle du *Phelipæa* d'avec l'*Orobanche* on fait intervenir, avec la présence de deux bractéoles chez le premier, cette considération que sa capsule s'ouvre en deux valves écartées au sommet adhérentes à la base, tandis que les valves du second restent connées au sommet et à la base.

4° La validité d'un genre pourra être encore admise quand il différera des genres voisins, non-seulement par quelque particularité carpique, fut-elle de peu d'importance, mais encore par des caractères fournis soit par le port soit par d'autres parties de la fleur: tel le g. *Cucubalus*. Et cependant M. Alphonse de Candolle, n'a pas cru devoir admettre le g. *Roucela* Dmort., *Erinia* Noul., créé pour le *Campanala Erinus*, dont le port est particulier et dont la capsule s'ouvre au sommet et non par des pores latéraux. Le g. *Adenocarpus* est bon, se distinguant des g. voisins et en particulier du g. *Cytisus*, non-seulement par les glandes de ses fruits, mais par le port, par la viscosité souvent soyeuse de toutes les parties.

5° Quand, dans une famille, plusieurs genres reposeront sur des particularités d'organisation de faible importance, les caractères empruntés au fruit auront une valeur notable. Ainsi, dans les Malvacées, d'une part, les vrais *Lavatera* sont rapportés par Webb au genre *Malva*, dont ils ne diffèrent que par un *stipulium* monophylle, et de l'autre, MM. Hooker et Bentham font rentrer les genres *Stegia* DC., *Saviniona* Webb dans le genre *Lavatera.*, ajoutant : « Characteres potius specificos quam genericos præbent » (*loc. cit.*, p. 209). Aussi est-on autorisé à élever au rang de genre le *Malva caroliniana* , devenu *Modiola* , en raison de ses carpelles biaristés , bivalves, divisés par des cloisons transversales ; à distinguer comme genres les *Sida* et les *Abutilon* , les premiers ayant des ovules solitaires , les seconds des ovules au nombre de deux ou plusieurs et des coques solubles à la maturité. N'est-il pas étrange de voir ces deux derniers groupes réunis *en un seul genre* dans le *Prodromus* de de Candolle, et figurant dans deux sous-tribus différentes dans deux ouvrages de phytographie en voie de publication ?

6° Une ressemblance dans les fruits n'autorisera pas la réunion de deux genres distincts par d'autres caractères tranchés. M. Godron a proclamé le genre *Ægilops* , un genre *purement artificiel, conservé par tradition* , et ne pouvant être séparé des vrais *Triticum* ; car « les *Ægilops* et les *Triticum* , dit-il , ont les fruits semblables, et ces organes importants les distinguent très-bien par leur forme des *Agropyrum, Lolium,* etc. (*De l'Ægilops triticoïdes*, etc., p. 17 et 19). » Mais il me semble que ce savant fait trop bon marché des différences de port et d'arêtes distinguant ces deux groupes, qui seront sans doute maintenus par les phytographes.

7° On pourra élever au rang de genre l'espèce qui présentera réunies deux sortes de caractères appartenant à des genres différents : tel l'*Hymenocarpus* Savi , décrit par Gærtner sous le nom de *Medicago circinata* , puis rapporté par de Candolle (suivi par Endlicher), au genre *Anthyllis*, comme section, sous la dénomination de *Cornicina* , et qui, avec le port d'un *Anthyllis*, a un fruit se rapprochant de celui des *Medicago ;* tel encore le genre *Malvella* Boiss., créé pour le *Malva Schraderiana* L. , se rapprochant des *Malva* par le port et par son stipulium à deux pièces, des *Sida* , auxquels le rapportent l'Héritier et MM. Bentham et Hooker, par ses capsules globuleuses.

Mais si les deux genres sont voisins l'un de l'autre , comme c'est le cas pour les genres *Cratægus* et *Sorbus* , *Fragaria* et

Potentilla, les mêmes espèces pourront être alternativement ballotées d'un de ces groupes dans l'autre, suivant l'importance relative accordée par le phytographe à tel ou tel caractère.

§ V. — Des fruits et de la déhiscence dans les sous-genres, sections ou sous-sections de genres.

Les genres *Pycreus* et *Vignea*, proposés par Palisot de Beauvois, aux dépens, le premier du genre *Cyperus*, le second du genre *Carex*, dont ils diffèrent respectivement par des achaines comprimés et non trigones, et par 2 stigmates, au lieu de trois, ont été adoptés par Nees (*Genera Plant.*), mais ne doivent avoir rang que de sous-genres.

Endlicher a réduit à l'état de sous-genre du *Juncus* le *Cephaloxis* Desv., qui s'éloigne par sa déhiscence septifrage des autres Joncées, où elle est loculicide.

Traitant des caractères propres à distinguer les coupes génériques ou sous génériques des Bignoniacées, M. Alph. de Candolle a écrit : « Ce qu'il y a peut-être de plus absolu, de moins susceptible de transition, c'est la déhiscence de la capsule par le dos de chaque loge ou par ses côtés près de l'aile dorsale ; elle est toujours loculicide, mais selon deux systèmes. »

Le genre *Linaria* est divisé par Chavannes en quatre sections, dont la déhiscence de la capsule forme un des principaux caractères distinctifs (suivant qu'elle s'ouvre par 6 valves, ou par 2 opercules ou 2 valvules, ou par des dents et des valvules au nombre de 6 ordinairement) ; et les sous-sections de la première section et de la troisième se subdivisent aussi d'après la déhiscence du fruit ; ainsi, dans la section *Chœnorrhinum*, tantôt la loge supérieure, plus grande, s'ouvre au sommet par un opercule, l'inférieure étant souvent indéhiscente (*Linaria tenella, villosa, origanifolia, flexuosa, rubrifolia*), tantôt les 2 loges égales s'ouvrent chacune par un pore tridenté (*L. mi-*

nor, *littoralis*) ; dans la section des *Elatinoïdes*, la déhiscence a lieu ou par 2 opercules circulaires (*L. lanigera, spuria, œgyptiaca, Elatine, cirrhosa*), ou par 2 valvules oblongues (*L. Roylei, heterophylla*) ; dans les sections *Cymbalaria* et *Linariastrum*, la déhiscence s'opère ordinairement par 6 valvules.

Le genre *Nicotiana* est scindé par Dunal en deux sections : l'une (*Diclidia*), où la capsule est le plus souvent bivalve , l'autre (*Polydiclia*, genre *Polydiclis* de Miers) , où le fruit est quadri-multivalve. Il en est de même du genre *Datura*, dont une des sections est ainsi caractérisée : « Capsula regulariter 4-valvis » , et l'autre : « capsula plerumque irregulariter dehiscens. » Et dans la famille des Gentianées, le genre *Voyria* a sa première section à capsule déhiscente du sommet à la base, tandis que dans les sections 2 et 3 , le fruit est dit « medio dehiscens. »

Dans le genre *Specularia*, la seule espèce américaine , le *S. perfoliata*, s'éloigne des autres espèces, dont la capsule s'ouvre près des lobes du calice, par le fruit déhiscent vers son milieu et par quelques autres caractères tirés soit des feuilles , soit des parties de la fleur.

De Candolle divise le genre *Diodia* en deux sous-genres : l'un (*Eudiodia*) à coques indéhiscentes, l'autre (*Dasycephala*) à coques s'ouvrant tardivement à l'intérieur.

On admet que les Quinquinas fébrifuges sont nettement séparés des faux Quinquinas par la capsule s'ouvrant de bas en haut chez les premiers , de haut en bas chez les seconds ; mais, d'après les observations récentes de MM. Weddell, Karsten et Howard , ce caractère n'a rien d'absolu.

Les trois genres *Goniocarpus* Kœn., *Cercodia* Murr., *Haloragis* Forst. , admis par de Candolle , mais ne différant guère que par la forme du fruit, ont été réunis par R. Brown et rapportés par lui , comme sections, au genre *Haloragis* (*Gen. Rem.* , p. 18).

Webb a proposé comme genres, aux dépens des *Sempervivum*, le *Greenovia* (pour Sempervivum aureum) à follicules étroits, s'ouvrant par diruption au milieu des valves entre les placentas, l'*Æonium* (pour S. canariense, S. Smithii, etc...) à follicules indéhiscents ou s'ouvrant finalement par diruption à la base et au dos. MM. Bentham et Hooker rapportent ces deux groupes à titre de sous-genres au *Sempervivum*, bien que Webb eût écrit du dernier : « Generis, calyce coccis receptaculo immersis, dehiscentiâ, facie distinctissimi. » (*Flore des Canar.*, t. 1, p. 185.)

M. Miquel n'a pas hésité à adopter le g. *Tridesmis* distinct du g. *Hypericum* par sa déhiscence loculicide, les 3 valves étant bifides au sommet.

Le caractère de l'indéhiscence est au nombre de ceux que MM. Cosson et Durieu de Maisonneuve ont assignés à leur section *Petrocapnos* des *Fumaria*. Cependant, le colonel Paris a vu les 2 valves du fruit séparées dans leurs deux tiers supérieurs aux siliques du *Fumaria longipes*, qui appartient à cette division.

L'époque hâtive ou tardive de la déhiscence des fruits a été mise à contribution dans la caractéristique des genres : ainsi, dans les genres *Carpophyllum*, *Firmiana*, *Scaphium*, rapportés comme sous-genres au genre *Sterculia*, l'ouverture du fruit a lieu longtemps avant sa maturité.

Faut-il, avec MM. Bentham et Hooker, réunir au g. *Peganum*, le *Malacocarpus*, Fisch. et Mey. qui en diffère par son fruit biloculaire et bacciforme ; reléguer au rang de sections du genre *Genista* les genres *Retama*, *Spartocarpus*, *Stenocarpus*, etc., et du genre *Corydalis* les genres *Sophorocapnos*, *Ceratocapnos*, *Cysticapnos*, distincts par des caractères carpiques et aussi, en général, par des caractères de végétation ?

On a subdivisé encore les genres suivants d'après le fruit :

Cassia : Fruit déhiscent dans les espèces appartenant aux sections 3 (Herpétiques), 6 (*Baseophyllum*), 8 (*Chamærista*) ; indéhiscent dans les Casses de la première section *Fistula*), à peine déhiscent dans celles de la deuxième (*Chamæfistula*) et de la quatrième (*Senna*).

Desmodium : Légume à suture supérieure droite, l'inférieure étant légèrement concave, et enfin déhiscent dans la seconde section, tandis que la troisième a les articles du fruit indéhiscents.

Medicago : Légume comprimé en faux (*Lupularia* Ser.), contourné en spirale (*Spirocarpos* Ser.).

Saponaria, offrant ou 4 dents à la capsule (sect. *Smegmanthe*), ou 6 (sect. *Silenanthe*), ou 10 (sect. *Melandrium*).

Villarsia : Capsule bivalve et à valves bifides, *Nympheanthe ;* capsule ne s'ouvrant que par macération et irrégulièrement, *Limnanthemum.*

Statice : Pyxide dans la section *Stenostachys* (Statice mucronata, pectinata, etc.); pyxide et en outre division valvaire de la capsule (sect. *Petroclados*, S. sinuata, arborescens, etc.); utricule indéhiscent (sect. *Limonium*, S. Limonium, effusa, Duriæi, et sect. *Circinaria*, S. purpurata, rosea); utricule indéhiscent, mais ruptile à la base (sect. *Schizhymenium*, S. echioides).

Enfin dans le genre *Cerastium*, la section *Eucerastium* est divisée par M. Boissier d'après la déhiscence de la capsule (*Flora orientalis*, t. i, p. 743).

§ VI. — DU FRUIT ET DE LA DÉHISCENCE COMME CARACTÈRE DISTINCTIF DES ESPÈCES.

1° *Caractères tirés de la déhiscence.* — La déhiscence est le plus souvent un caractère générique ; peu d'espèces offrent des différences bien marquées à cet égard. On a déjà vu cependant plus haut que dans les genres *Antirrhinum* et *Linaria*, la déhiscence varie un peu avec les espèces.

Le *Cistus monspeliensis* s'éloigne des autres espèces du genre, dont la déhiscence est loculicide, par sa capsule à déhiscence septifrage.

J'ai cité plus haut, p. 53 et 54, certaines espèces de *Dorycnium*, de Mélilots, de Trèfles et de Trigonelles, dont la déhiscence fait exception au caractère générique.

Vaucher a observé que les *Reseda odorata*, *Phyteuma* et *mediterranea* ont des capsules très-ouvertes, se renversant de bonne heure pour répandre leurs graines, tandis que celles du *R. lutea* , tronquées au sommet, et n'ayant pas besoin de se renverser pour la dissémination, restent dressées.

MM. Grenier et Godron ont distingué les *Asphodelus sphœrocarpus* et *subalpinus* , d'après l'écartement plus ou moins grand des valves de la capsule (*Flore de Fr.*, t. 3, p. 223). Mais J. Gay a cherché à montrer que cette distinction ne repose sur aucun caractère fixe (in *Bull. Soc. bot.*, t. IV, p. 609).

Il est étrange que la déhiscence pyxidaire , formant un type tout spécial , en ce qu'elle n'a pas lieu par des *sutures*, ne constitue jamais, que je sache , un caractère spécifique, à moins qu'on ne veuille maintenir les *Albersia* au nombre des *Amarantus*.

Dans le genre *Albizzia* déjà cité, le légume est déhiscent chez certaines espèces (*A. elliptica* , *A. myriophylla*, etc.) , indéhiscent chez d'autres (*A. sericocephala*, *A. affinis*, etc.)

2° *Caractères tirés de la forme du fruit*. — On sait combien cette forme varie chez le Maïs ; aussi , le phytographe hésite-t-il à élever au rang d'espèces soit le *Mays cryptosperma* Bonaf., à grains couverts d'enveloppes allongées aiguës , soit le *Zea macrosperma* Koch , aux fruits semblables à des graines de courge.

La présence de deux sortes de fruits , les uns normaux , aériens, les autres souterrains blancs , ovales et terminés par une petite pointe, autorisait-elle à considérer comme espèce le *Vicia amphicarpa* Dorth ? Les observations de MM. H. Fabre , Cosson et Kralik , ont montré que ce n'est qu'un état particulier du *V. sativa* ou de sa variété *angustifolia*, dû à la station dans un terrain meuble.

§ VII. — DE LA DÉHISCENCE COMME CARACTÈRE DISTINCTIF DES VARIÉTÉS.

Le *Linum crepitans* n'est, d'après Anderson , qu'une simple modification du *L. usitatissimum* , à capsules s'ouvrant d'elles-mêmes à la maturité.

On cultive les deux variétés de *Papaver somniferum*, à fruit déhiscent chez l'une, indéhiscent chez l'autre, connue sous le nom de *Pavot aveugle*. Quelques auteurs y ont vu deux espèces.

L'*Astragalus tenuirugis* Boiss. ne différant de l'*A. corrugatus* Bertol. que par des légumes finement réticulés-rugueux, et non fortement rugueux, a été rapporté à ce dernier à titre de variété par MM. Cosson et Kralik.

C'est par le fruit que se distinguent les espèces du genre *Medicago;* mais M. Bentham déclarait avoir vu quelquefois un même pied de *M. tribuloïdes* réunir les formes de fruit des *M. Murex* et *tentaculata*.

Comparant les *Anagallis phœnicea* et *cærulea*, tour à tour considérés comme espèces et variétés, on a dit qu'un des caractères les plus tranchés réside dans les nervures de la capsule, au nombre de 10 dans la seconde, de 5 dans la première (Brébisson).

L'*Ononis spinosa* se distingue bien de l'*O. repens* par son légume plus long que les divisions calicinales.

TABLE

Toulouse, Impr. Louis & Jean-Matthieu Douladoure.

www.ingramcontent.com/pod-product-compliance
Lightning Source LLC
Chambersburg PA
CBHW031730210326
41520CB00042B/1810